认识奇妙的化学

涂华民　编著

H₂O CHEMISTRY Fe

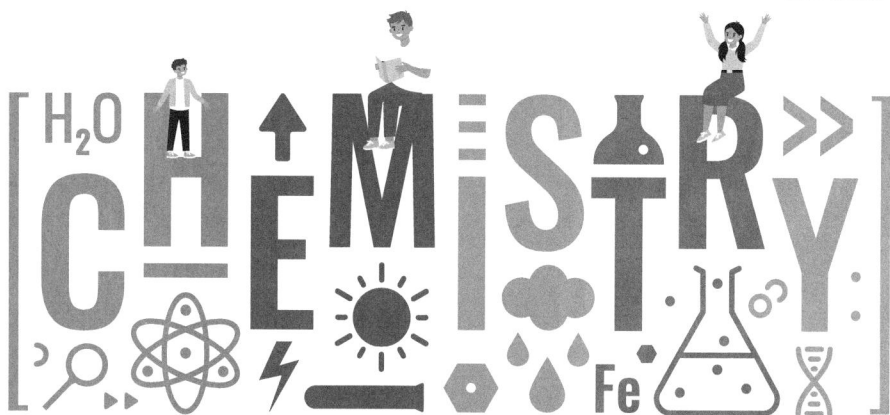

化学工业出版社

·北京·

内 容 简 介

本书集趣味性与知识性为一体，从化学的基本概念出发，选取了与日常生活密切相关的气体、火、水、固体材料等内容，简要介绍了与之相关化合物的性质及应用。希望读者能在愉悦的阅读中获取新知，开阔视野，启迪思维，激发好奇心和想象力。

全书注重知识性、趣味性和思辨性相结合，可供科普爱好者阅读，也可作为化学老师教学的参考书。

图书在版编目（CIP）数据

认识奇妙的化学 / 涂华民编著. —北京：化学工业出版社，2021.4
ISBN 978-7-122-38563-5

Ⅰ．①认⋯　Ⅱ．①涂⋯　Ⅲ．①化学－青少年读物
Ⅳ．①O6-49

中国版本图书馆 CIP 数据核字（2021）第 030332 号

责任编辑：张　欣　李晓红　　　　　　　　　装帧设计：王晓宇
责任校对：刘　颖

出版发行：化学工业出版社（北京市东城区青年湖南街13号　邮政编码100011）
印　　　装：北京建宏印刷有限公司
710mm×1000mm　1/16　印张13¼　字数231千字　2021年7月北京第1版第1次印刷

购书咨询：010-64518888　　　　　　　　　售后服务：010-64518899
网　　　址：http://www.cip.com.cn
凡购买本书，如有缺损质量问题，本社销售中心负责调换。

定　　价：68.00元　　　　　　　　　　　　　　版权所有　违者必究

CHEMISTRY

　　人的好奇心是天生的，求知欲则是后天成长中逐步形成的。保护最初的好奇心和求知欲，最重要的是要营造各种条件引导孩子自己找寻答案。启发孩子们天性中的好奇心与求知欲要比简单的知识传授重要得多，因此家长和教师正确的指导是引导孩子们进行有益阅读与思考的指路明灯。

　　化学是一门实验科学，来源于生活，并让生活更加美好。化学在人类吃喝安全、穿戴时髦、延年益寿、出行快捷舒适等方面，都起着无可替代的作用。化学是一门以实验为基础的学科，化学实验不可或缺。在实验过程中，会接触到各式各样新奇的仪器、实验装置，五颜六色、性质各异的化学试剂，有伴随着发光、发热、颜色变化等鲜明而有趣的实验现象以及化学变化，还有一些化学发明的奇闻逸事等，都不断刺激着学生的好奇心与求知欲，从而激发他们的学习兴趣。

　　培养孩子优良的生活习惯和对大自然奥秘探究的好奇心，应从身边各种自然变化的点滴展开，如多问几个为什么，是什么原因导致的各种变化，何以验证。通过采用这种深入浅出的方式诱导孩子从现象到本质、从需求到实践，并逐步建立本能的、科学的思考方式。

　　让学生在求知欲上回归童真和本能，培养学生观察现象、发现问题、分析和解决问题的方法和能力，在知识和方法积累上不断提高，趣味性实验将是一个值得选择的突破点。奇妙的实验现象和绚丽多彩的实验效果，能够激发学生学习的兴趣，感受化学的魅力，发现化学实验"可爱"的地方。以趣味性为切入点，还可以较为明显地调动学生的学习积极能动性，改变其对化学实验危险、有毒和枯燥的固有印象，为后续引导其建立科学的实验思维和分析思维奠定良好的基础。学生可以自己动手学做化学小实验，探索神奇的化学世界，体验化学变化的无穷奥妙。

全书是围绕社会与生活问题来组织选材编排的，在采用"大学科"的教育理念编排化学学科知识的同时，渗透了经济、历史、文化、社会、人文精神等内容。本书前5章注重学科的基本概念和基本结构，强调学科最基本的科学概念和基本原理，保证理论的代表性和系统性。以"科学主题"反映学科内容。每章附有趣味实验，注重引导学生运用所学的知识进行探索研究和解决学生关注的一些社会问题，在此基础上巩固和掌握新知识。摘选实验设计中注重实验的科学性、知识性、趣味性、创新性、启发性和可操作性。实验现象明显、易重复，实验操作相对安全且十分简便。第6章增加了与现代科技发展密切相关的现代化知识，如能源、环境、材料等，达到从生活走进科学，从科学走向社会之目的。

本书能够与广大读者见面，要感谢化学工业出版社的编辑们的辛勤劳动，感谢河北师范大学出版基金的资助。同时要感谢家人及亲朋好友的理解与支持，感谢所有提供过帮助的同仁、学友。

希望本书能够为学习化学的读者提供一定的启发与帮助。因学识、知识水平所限，书中难免会有论述不够准确或不深入之处，衷心期待广大读者、有关专家不吝赐教，多提宝贵意见与建议。

涂华民

2020年8月于石家庄市博士专家楼

目 录

第 1 章

欢迎来到化学世界

　　化学的历史十分久远，化学形成及发展经历了漫长而又曲折的过程。远古人类学会使用火，利用了燃烧时的发光发热现象，是一种不自觉的化学实践活动。在烈火中将黏土烧制成陶器，将一些矿石在一定条件下冶炼出金属或合金材料，利用谷物发酵酿造出美酒，采用植物的浆液给丝麻类织物染上颜色……大量这类原始的人类活动，就是不自觉的化学实验探究或化学工艺研究。经年累月的实践活动，奠定了现代化学知识体系及应用基础。

　　中国古代的炼丹活动及西方炼金术领域的探索，为人类认识物质奥秘及物质间相互转化，提供了可行的方法与手段。化学研究的目的，在于深入探索物质世界，尤其是物质的组成及性质变化，进而合成出性能更加优异的新物质。化学技术对人们深入了解自然界、战胜疾病、抵御饥荒、生态环保都有不小的贡献。

CHEMISTRY

化学是什么？

汉语中，"化"是变化、造化、改变之意，"学"是探究学问之意，"化学"乃是变化的学问，即探究自然界万物变化之源。

物质的变化有"质"的变化与"形"的变化两种，即化学变化和物理变化两种。化学变化是指物质中原子间的排列方式和化学键发生改变的变化，即有新物质生成。物理变化指物质发生变化时，没有生成新物质，只有物理性质的变化。物质在化学变化中表现出来的性质叫化学性质。如热稳定性、可燃性、氧化性、还原性、酸碱性、金属活泼性、非金属活泼性等。物质不需要发生化学变化就能表现出来的性质，称为物理性质。如状态、熔点、沸点、硬度、密度等。

物质变色可能是物理变化，也可能是化学变化。例如，用二氧化硫（SO_2）漂白的草编制品，在日光下使用一段时间后会变黄，发生的是化学变化；不同颜色的颜料调出多种色彩，发生的是物理变化。

化学的英文单词"chemistry"起源于"alchemy"一词，即化学源于炼金术。西方的炼金术士在追求点石成金的过程中，通过熔化、过滤、结晶、升华等手段，认识并掌握了大量物质变化规律，奠定了探究物质本源的基础性工作。中国古代的一些炼丹学者为追求长生不老药，同样进行了大量的研究工作，通过加热、蒸馏、化合反应，对自然界的一些矿物在加热、熔炼等过程中的变化，积累了丰富的实践经验。

"chemistry"可以拆分为"chem is try"，化学是一门建立在实验基础上的科学。化学也是一个将原子重新进行排布的有趣游戏。化学是深入到物质内部原子和分子层次了解物质变化规律的科学，是以"分子"为主角的科学。

随着火的利用，制陶、冶炼、酿酒、造纸、制药得以产生和发展。可以说，化学是一门"把天然原料转变成对人类有益产品的科学"。世界因化学而精彩。

化学是一门中心学科。化学与信息、生命、材料、环境、能源、地球、空间和核科学等八大朝阳科学都有紧密的联系。化学家们一方面解决人类目前所面临的种种困境；另一方面则是继续为人类创造更多的物质。美国有机化学家、有机合成之父伍德沃德曾经说过，"在上帝创造的自然界旁边，化学家又创造了另一个世界"。

扩展
阅读

中国科学院院士徐光宪先生对化学的二维定义是❶：化学是研究 X 对象的 Y 内容的科学。具体地说，就是：化学是研究原子、分子片、结构单元、分子、高分子、原子分子团簇、原子分子的激发态、过渡态、吸附态、超分子、生物大分子、分子和原子的各种不同维数、不同尺度和不同复杂程度的聚集态和组装态，直到分子材料、分子器件和分子机器的合成和反应，分离和分析，结构和形态，粒度和形貌，物理性能和化学性能，生理和生物活性及其输运和调控的作用机制，以及上述各方面的规律，相互关系和应用的自然科学。

化学之美

创新、发展是化学永恒之美，实验是发现化学之美的眼睛：化学药品是美的，晶体结构的奇妙对称、金属单质的迷人光泽、酸碱指示剂的姹紫嫣红无不给人以美的视觉享受；化学装置是美的，清洁光亮的玻璃仪器整齐有序的排列方式，整套装置的比例得当、错落有序、疏密有致体现一种严谨的规范美、悦目的造型美；化学实验是美的，无论是反应过程的颜色变化，还是生成产物结构、性能的测定等，都能令人倍感新奇，体会到化学变化的无穷魅力。

化学之内在美源自其学科思想，例如反应过程的动态平衡以及守恒原则，物质结构与性质的辩证关系，元素周期律蕴含着的深邃思想内涵，等等。

碳原子不仅组成了三维结构的金刚石和层状结构的石墨，而且形成了 C_{60} 系列分子、石墨烯、碳纳米管（单壁或多层）等，不仅形状、结构多姿多彩，而且具有十分优异的性能，具有广阔的潜在应用价值。

腔肠动物海葵中提取分离出的海葵毒素的毒性比河豚毒素还要大 10 倍，注射十亿分之一克的海葵毒素就足以杀死一只小鼠，人们接触它之后会引起恶

---

❶ 徐光宪，中国科学基金，2002，（2）：74-75. 徐光宪，科学通报，2001，46（24）：2086. 徐光宪，化学通报，1997，（07）：54-57.

心、不适甚至死亡。海葵毒素虽然有剧毒，但它还具有明显的抗癌活性和强心作用。海葵毒素的分子式为 $C_{129}H_{223}N_3O_{54}$，含有 64 个手性中心和 7 个可异构双键，理论上异构体数目多达 2^{71} 个（这个数字已经大到无法想象了！传说古印度国王要奖励发明国际象棋的大臣，大臣提出的要求是，在国际象棋的第一格子里面放 1 粒麦子，在第二个格子里面放 2 粒麦子，依此类推，填满 64 个格子即可。结果国王无法满足这个看起来简单的要求，因为所需麦粒数 $2^{63}-1$ 是个天文数字，整个国家生产的小麦都无法达到要求）。哈佛大学基什（Kishi）教授领导的研究小组于 1989 年完成了海葵毒素的全合成，他们用 6 种不同的化学原料经过 140 多步独立的合成反应，最终得到了海葵毒素，这是目前为止人类合成的最大个的单分子化合物。

扩展
阅读

梁琰撰著的《美丽的化学反应》和《美丽的化学结构》。"美丽化学"官网上还有大量的视频材料，值得初次接触化学的读者认真观看。

为什么要学习化学？

人类生活的衣、食、住、行，都离不开化学。日常生活中的柴、米、油、盐、酱、醋、茶，样样与化学有着密切的联系，了解其中的化学知识，不仅能指导人们的健康饮食，减少疾病的发生，而且能够合理使用食品添加剂，提高生活品质。治病救人的许多药品是由化学家在实验室中首先合成或分离得到的，然后再由化学制药厂进行工业化生产。

工业生产所用的各种金属材料、非金属材料，农业生产使用的农药、化肥，航天工业所采用的各类新型复合材料等，无不与化学息息相关。

20 世纪发明了七大技术：无线电、半导体、芯片、集成电路、计算机、通信和网络等的信息技术；基因重组、克隆和生物芯片等生物技术；核科学和核武器技术；航空航天和导弹技术；激光技术；纳米技术；化学合成（包括分离）技术。20 世纪的 100 年中，化学合成和分离了 2285 万种新化合物，满足了人类生活和高新技术发展的需要，取得了空前辉煌的成就。人类如果没有发明合成氨、合成尿素和新农药的技术，世界粮食产量至少要减半，60 亿人口可能有 30 亿要饿死。如果没有发明合成各种抗生素和大量新药物的技术，人类平均寿命要缩短 25 年。如果没有发明合成纤维、合成橡胶、合成塑料的技术，人类生活品质要受到很大影响。如果没有合成大量新分子和新材料的化学工业技术，前六大技术根本无法实现。

化学发展的美好前景

① 在充分了解光合作用、固氮作用机理和催化理论的基础上，实现农业的工业化，在工厂中生产粮食和蛋白质，使地球能养活人口的数目成倍增加。

② 得到比现在性能最好的合金钢材强度大十倍，但重量轻几倍的合成材料，使城市建筑和桥梁建设的面貌完全更新。

③ 能合成出高效、稳定、廉价的太阳能光电转化材料，组装成器件。太阳投射到地球上的能量，是当前全世界能耗的一万倍。如果光电转化效率为 10%，我们只要利用 0.1% 的太阳能，就能满足当前全世界能源的需要。

④ 未来的化工企业将是绿色的、原子经济的、物质在内部循环的企业。

⑤ 在合成了廉价的可再生的储氢材料和能量转换材料的基础上，街上行走的汽车将全部是零排放的电动汽车。我们穿的将是空调衣服。

⑥ 海水淡化成为重要工业，从而解决人类的水资源紧缺问题。

如何才能学好化学？

化学好玩又神奇，如何才能学会这门核心科学？

一要有好奇心。培养探寻自然奥秘的兴趣十分重要，在探索过程中，不断提高自己动手动脑的能力。

二要善于思考。能够对身边的常见现象提出问题，认真思考学习化学能改变什么。

三要重视化学实验。养成良好的动手操作习惯并仔细观察实验现象、及时记录实验数据。并且要时刻将安全教育铭记于心，牢记化学实验室内绝大多数试剂均有毒，需要遵守实验室操作规范；一些化学反应可能导致燃烧或爆炸，要严格按规范操作要求进行各种化学实验，同时采取必要的防范措施。

四要养成良好的学习习惯。善于从文献、专著、教材中获取自己需要的理论知识，及时归纳总结所学知识。力争融会贯通、举一反三，不仅要达到理解基础上的记忆，而且要能够有所启发、创新，切实提高解决实际问题的能力。

化学实验

化学实验过程中，有各式各样新奇的仪器、实验装置，有五颜六色、丰富多彩的各种试剂，有伴随着发光、发热、颜色变化等鲜明而有趣的实验现象以及化学变化。

做化学实验，首先，要学会查阅文献资料，并根据实验要求去设计实验方案，包括所需实验仪器的选择、仪器装置组装的流程、实验步骤的安排、实验过程的安全措施，明确药品试剂滴加的前后顺序以及取用量的控制，对于实验过程中的声、光或电现象的产生与否做到心中有数；其次，在实验过程中能够不断纠正、规范实验操作，除了认真观察实验现象外，还需要随时记录有关实验现象及相关数据；最后，在实验完成后，及时填写实验报告或总结，认真思考实验中有待改进的问题或值得商榷的地方。

微观与宏观：结构和性能的关系

学习化学，从结构开始

物质的微观结构决定了物质的一切宏观性能，或者说物质的内部结构完全决定了它的典型的化学和物理性能。学习化学，不但要理解基本概念和基本理论，更要立足物质结构，才能真正了解物质的性质。

碳是构成生命不可或缺的元素。煤、石油中含有碳，植物纤维中更是少不了碳元素。碳与氢形成的最简单化合物甲烷分子（CH_4）是正四面体结构，这是一种极佳的气体燃料。具有三维网络骨架结构的金刚石是结晶化的碳，它是自然界最硬的物质。石墨为层状结构，层间是较弱的范德华力，因此石墨具有滑腻感，易导电，可作为电极使用，也可制成各种石墨制品，见图 1-1。

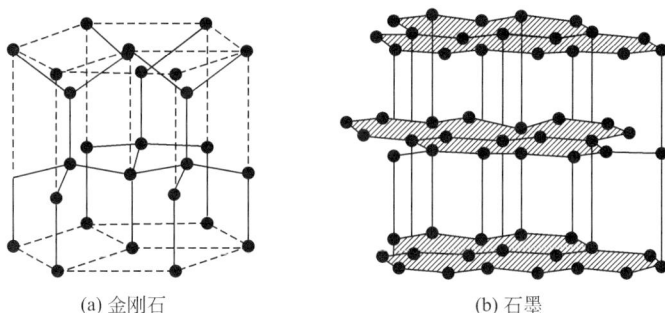

(a) 金刚石   (b) 石墨

图1-1 金刚石和石墨结构示意图

CO_2 是直线型气体分子，固体状态被称为干冰，是分子晶体，每个 CO_2 分子紧邻 12 个其他 CO_2 分子，一个干冰晶胞中含有 4 个 CO_2 分子，见图 1-2（a），干冰的熔沸点较低。

SiO_2 是四面体结构的原子晶体，不存在单独的分子，SiO_2 是组成最简式，并不表示单个分子。整个 SiO_2 晶体可以看作是一个巨大分子，构成 SiO_2 晶体结构的最小环是由 12 个原子构成的椅式环（6 个 Si 原子和 6 个 O 原子间隔相连），见图 1-2（b）。这种结构的固体与金刚石相类似，因此 SiO_2 不但具有较高的熔沸点，而且硬度较高。

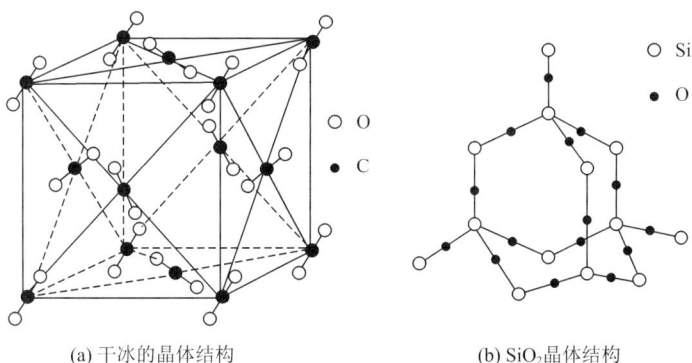

(a) 干冰的晶体结构   (b) SiO_2晶体结构

图1-2 干冰晶体（a）和SiO_2晶体（b）结构示意图

原子与分子：物质世界的基石

了解原子

原子核

约 10^{-14} m

$1\text{-}5\times10^{-10}$ m

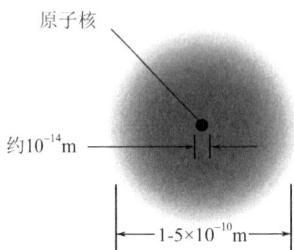

图1-3 原子与原子核相对尺寸示意

原子： 原子是由居于原子中心的原子核与核外电子构成的。原子是化学反应中不可再分的基本微粒，是由一个很小的、密实的原子核及核外一定数目的电子组成的。原子核内有一定数目的质子和一定数目的中子，质子带有一个单位正电荷，中子不带电荷。原子直径的数量级大约是 10^{-10} m。原子核的直径约 $10^{-15}\sim10^{-14}$ m（见图1-3），虽然原子核体积小，但 99.96% 以上的原子的质量集中于原子核里。

元素： 元素是质子数（即核电荷数）相同的一类原子的总称，是物质世界组成的最基本单元。

原子序数： 为了便于查找，元素周期表按元素原子核电荷数递增的顺序给元素编了个号，叫做原子序数。原子序数在数值上等于元素的核电荷数（即质子数）。

电子层： 在多电子原子里，核外电子运动的区域分布不同，科学家形象地将这些区域称为电子层。各电子层由内向外的序数 n 依次为 1、2、3、4、5、6、7……分别称为 K、L、M、N、O、P、Q……电子层。

核外电子排布： 离核最近的电子层为第一层，次之为第二层，依次类推为三、四、五、六、七层，离核最远的也叫最外层。原子核外电子依能量高低不同，离核远近不同，可分为若干电子层。最外层能填充的电子数不超过 8 个，该层被称为价层，元素的化学性质主要取决于价层电子数目及价层结构。在化学反应中，金属元素原子比较容易失去最外层电子，非金属元素原子比较容易得电子，形成八隅体稳定结构。

公元前 400 年左右，古希腊哲学家德谟克利特就认为万物皆由原子（atom）构成。原子大小数量级为 10^{-8} cm，3300 万原子紧密连接起来也只有 1mm，一亿个原子紧靠在一起并排开来也只有 2.5cm 左右。需要说明的是，虽然组成物质的结构单元是原子，但在自然界中只有 94 种原子，不同的原子，大小、质量和性质各不相同。

原子很小，采用化学方法不能再细分。那么，有没有比原子更小的东西呢？

1858 年，研究人员在利用低压气体放电管研究气体放电现象时，发现了阴极射线。1895 年德国物理学家威尔姆·伦琴发现了 X 射线，亨利·贝克勒尔于 1896 年发现了特定的天然元素铀具有放射性。1897 年英国物理学家约瑟夫·汤姆孙对阴极射线管内气体放电现象进行了深入的研究，确定了阴极射线中的粒子带负电，并测出其荷质比，电子被发现。放射性和电子的发现证明了存在比原子更小的粒子，打破了原子是不可再分割的观点，确定了原子本身也是具有结构的。

1911 年，卢瑟福用 α 射线轰击金箔，绝大多数 α 粒子能够直接穿过，有少数 α 粒子发生偏转，极少数被反弹回来。经过对实验数据的分析和推理，卢瑟福提出假设：原子内部存在一个质量很大、体积却很小的聚集有正电荷的一个核体，即原子核，带负电的电子围绕原子核运动，像太阳系的行星围绕太阳运动一样。原子核和电子都比原子小很多，如果把原子核想象为沙滩排球大小，原子的直径就约等于马拉松的距离。这就是著名的 α 粒子散射实验，是原子有核模型建立的基石。

1919 年，卢瑟福用 α 粒子轰击氮，发现氮原子可以放出一个带正电荷的粒子，其电量与电子相等。由于任何中性原子都可以失去一个或多个电子而成为带正电荷离子，这就说明每一个原子的原子核中都含有一个或多个正电性单元——质子。质子数决定了核外有多少个电子围绕着这个原子核作轨道运动。带正电荷的质子和带负电荷的电子靠电磁力互相吸引，质子质量约为电子质量的 1836 倍。

1932 年，卢瑟福的学生、美国物理学家詹姆士·查德威克采用高速 α 粒子轰击 Be 时，发现了一种不带电、质量比质子的质量略大的粒子——中子。质子与中子能够共存形成原子核，是由于核内存在着强核子力的束缚。中子的数目对原子核稳定性的影响很大。没有适当数目中子的原子核是不稳定的，并且最终会发生核裂变。

"光谱"一词是牛顿根据太阳光通过三棱镜后得到红、橙、黄、绿、青、蓝、紫而提出的一个概念。德国海德堡大学的基尔霍夫和本生发明的光谱仪对于认识物质及其组成十分重要，因为每种原子都有自己的特征谱线，因此可以

根据光谱来鉴别物质和确定它的化学组成（见图 1-4）。

图1-4　氢、氦、锂、钠、钡、汞、氖的发射光谱

　　自 1803 年道尔顿提出原子结构的实心球体模型起，一大批科学家展开了对原子结构及其性质的研究工作。汤姆逊于 1904 年提出"葡萄干面包式"原子结构模型。卢瑟福提出行星模型。玻尔通过对氢原子光谱的研究，在卢瑟福原子有核模型、普朗克量子概念的基础上，于 1913 年提出了原子结构的"电子壳层模型"。奥地利物理学家薛定谔提出了电子云模型，建立了电子运动遵循的波动方程。原子轨道的概念自然水到渠成，原子轨道的内涵也被科学家洞悉。图 1-5 展示了部分原子轨道角度分布的示意图。

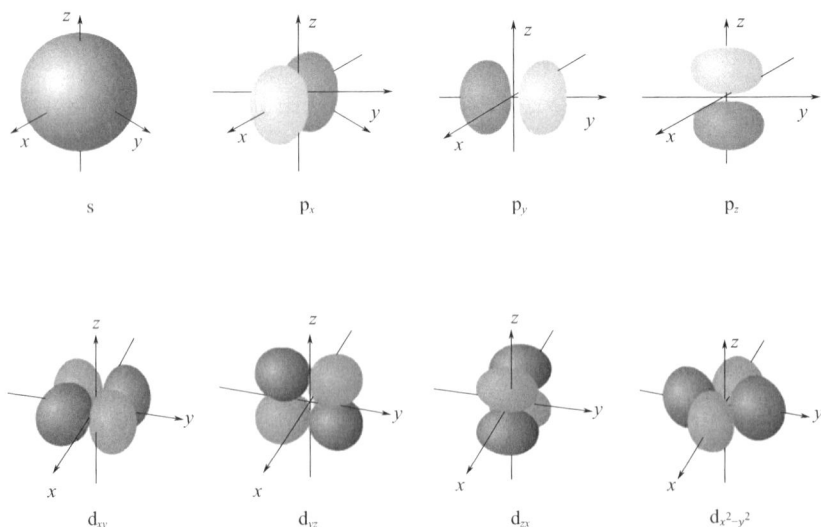

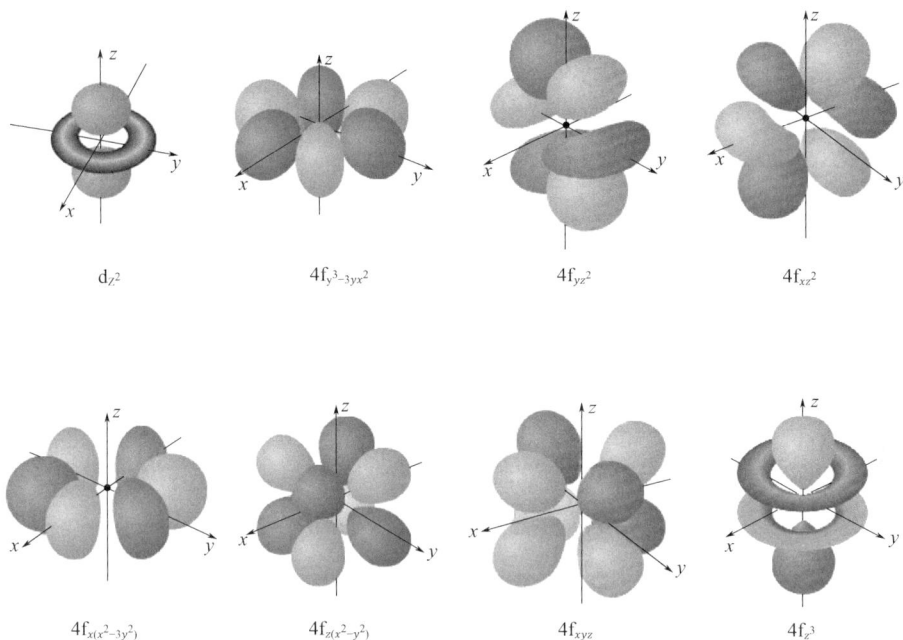

d_{z^2} $4f_{y^3-3yx^2}$ $4f_{yz^2}$ $4f_{xz^2}$

$4f_{x(x^2-3y^2)}$ $4f_{z(x^2-y^2)}$ $4f_{xyz}$ $4f_{z^3}$

图1-5 部分原子轨道角度分布示意图

扩展
阅读

    原子轨道采用的符号s、p、d、f等源于元素的光谱在光谱图上的谱线特征，即锐线（sharp）、主线（principal）、漫线（diffuse）、基线（fundmental）等单词的首字母。更深层含义则是代表原子轨道角度分布函数的对称性简代（群论的语言），s代表球形分布，p轨道有一次函数的对称性，d轨道有二次函数的对称性，f轨道有三次函数的对称性，等。

    电子的运动具有波动性和粒子性（波粒二象性）两种禀性，就是说核外电子的运动遵循统计规律，运动的电子可以在同一时间内无处不在又处处都在，即电子云是一种概率展示。采用量子力学手段对核外电子的运动状态进行描述，建立波动方程，通过数学处理，得到所谓的原子轨道。

"看见"原子

原子并不会呈现出球体的形状，但我们能给它们一个（球形）空间，直径等于原子内电子的轨迹可达到的最大范围。由于原子尺寸极小，一个碳原子的直径约为 0.15nm，肉眼不能直接看见原子。但是科学家可以通过现代的某些实验仪器，创造性地将单个原子在固体表面，或将分子中成键的图像展示出来，甚至可以操纵一个个原子组成文字、字母和图形。

1955 年，物理学家米勒曾利用场离子显微镜来观察原子。1959 年，理查德·费恩曼首次提出了纳米技术的概念，同时提出了在纳米层面上研究操作原子的可能性。费恩曼在 1965 年荣获诺贝尔物理学奖。

1981 年，格尔德·宾宁和海因里奇·罗雷尔在 IBM 位于瑞士的苏黎世的实验室发明了扫描隧道显微镜，他们因此分享了 1986 年的诺贝尔物理学奖。扫描隧道显微镜的横向分辨率可达 0.1nm，纵向分辨率更是高达 0.01nm。供职于 IBM 的科学家唐·艾戈勒使用扫描隧道显微镜将 35 个氙原子在光滑的镍表面排列出了 IBM 的字样（见图 1-6）。借助原子力显微镜，IBM 的科学家拍摄了单个并五苯分子的全家福（见图 1-7），照片中 5 个六边形碳环结构（见图 1-8）清晰可见。

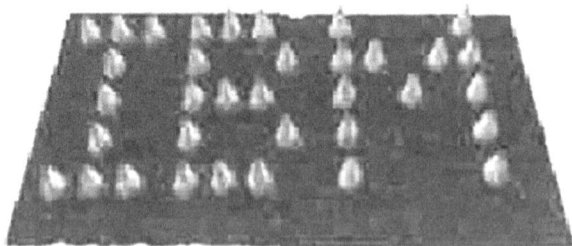

图1-6　35个原子组成的"IBM"

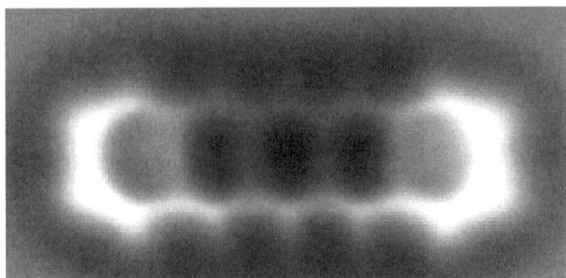

图1-7　单个并五苯分子照片

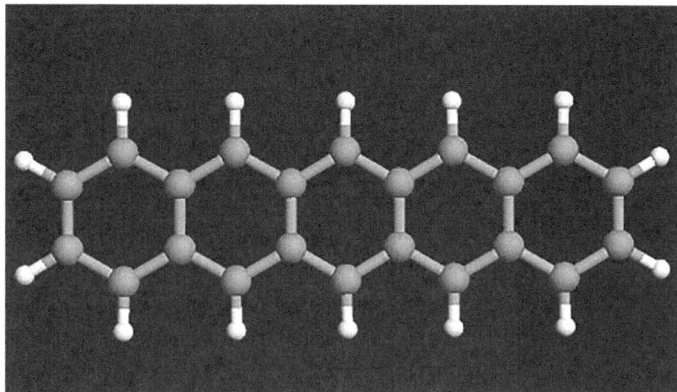

图1-8　并五苯分子结构示意图

元素周期表

元素符号：国际上统一采用的表示元素的化学符号，一般用元素拉丁文名称的第一个字母（大写）来表示。元素符号表示一种元素，还表示这种元素的一个原子。元素符号用于标记元素的特有符号，是化学工作者之间共同使用的统一的化学语言。

原子质量：组成原子所有微粒的质量和。由于电子的质量相对于质子和中子的质量而言很小，可以忽略不计，这样原子质量大致等于该原子的核中质子质量和中子质量的加和。原子的质量极小，一般不直接使用原子的实际质量而采用相对质量（简称原子量）。

相对原子质量：以一种碳原子质量的1/12为标准，其他原子的质量与它相比较所得到的比值，作为这种原子的相对原子质量。由于质子（ $1.672621637×10^{-27}kg$ ）和中子（ $1.674927211×10^{-27}kg$ ）的相对质量分别为1.0073和1.0087，均近似等于1，所以相对原子质量等于质子数与中子数之和。

同位素：质子数相同，质量数（或中子数）不同的核素互称为同位素。同种元素的原子通常有相同的质子数，但是它们的中子数不相同。这些同一元素的不同核素互为同位素。例如，氢元素存在三种同位素，氕（ $_1^1H$ ）、氘（ $_1^2H$ ）和氚（ $_1^3H$ ）。

元素周期律：元素的性质随着元素核电荷数的递增而呈周期性变化的规律，叫做元素周期律。

元素周期表：科学家们根据元素的原子结构和性质，把它们科学有序地

排列起来，这样就得到了元素周期表。该表中不但列出了所有已知元素的原子序数、元素符号和相对原子质量。而且给出了元素所属类别，价层电子排布等信息。

元素，即化学元素，是具有相同核电荷（即质子数）的原子的总称。目前，已发现化学元素 118 种，其中 18 种是非金属元素。118 种元素中前 26 种是在恒星内部核聚变过程形成的，从 27 号元素钴起的大部分自然存在的元素都是由于红巨星、超新星爆炸形成的。有 24 种为人造元素（科学家在实验室人工合成的），具有典型的放射性特征。

大多数元素符号是它们英文名称的前一个（大写）或前两个（第二个字母要小写）字母来表示，如 N——Nitrogen、Cl——Chlorine 等。对于早期发现的一些元素，国际上采用元素的拉丁文、希腊文或阿拉伯文名称的缩写来表示，如 S——Sulphur、Au——Aurum、Ag——Argentum、Na——Natrium、K——Kalium 等。

元素中文名称的特点：金属元素除汞外都是"钅"字旁，非金属元素按其单质在通常情况下的存在状态分别加"石""气"等偏旁。

扩展
阅读

同位素是具有相同数量核外电子及相同核内质子数、不同中子数的原子，它们具有相似的化学性质。由于原子的质量主要集中于质子与中子，所以这些同位素的质量皆不相同。

元素之间是否存在着某些关联？如何探寻物质结构的变化规律？

一些早期的化学工作者在研究过程中建立了各式各样的"元素周期表"（700 多种），如法国化学家尚古多的"弯曲的香肠"图式，英国化学家约翰•纽兰兹提出了"元素八音律"，德国化学家迈尔根据原子量制成的化学元素周期表，俄国化学家德米特罗•门捷列夫的长短元素周期表，西奥多•本菲设计的多中心螺旋形式的周期表等。

由于门捷列夫对尚未发现的元素"钪""镓""锗"等在周期表中预留了位置（俗称开"天窗"），并对这些元素的特征进行了预测，称之为"类硼""类铝""类硅"，后来发现的元素与其预言不谋而合（见表 1-1），这也从侧面证实了该周期表的正确性，故化学界最终选择了门捷列夫给出的元素周期表。

表1-1　类铝和镓的性质比较

类铝性质（预测）	金属镓性质（实测）
原子量68	原子量69.72
金属密度（5.9～6.0）g/cm³	金属密度5.907g/cm³
单质具有较低的熔点	单质熔点为29.78℃
常温下在空气中不氧化	加热至红热时缓慢氧化
能使沸腾的水分解	高温下使水分解
能生成矾，但不如铝那样容易	形成分子式为（NH_4）Ga（SO_4）$_2$·$12H_2O$的矾
三氧化物很容易还原成金属	Ga_2O_3在氢气流中可还原成金属镓
比铝更容易挥发，可望在光谱分析中发现	镓是用光谱分析发现的

元素的化学性质，与其原子的核外电子排布，尤其是与最外层电子的数目有关。

将118种元素按照其原子序数及核外电子排布特点排序，得到化学物质的"地图"——元素周期表（见图1-9），纵向的一列称为"族"，横向的一行称为"周期"。共有18族（铁系包括3个纵行，旧称VIIIB族），7个周期。

元素周期表就是化学物质的世界地图，它不仅反映了元素的原子结构，也显示了元素性质的递变规律和元素之间的内在联系。周期表中有8种天然元素占了地壳全部质量的90.5%。氧是地壳最丰富的元素；硅名列第二，然后依次是铝、铁、钙、钠、钾和镁。

元素周期表是人类最重要的财富之一，它涵盖了各元素的原子结构、反应性、常见价态及其他一些重要的概念。

所有元素可概括地分为金属、准金属（又称半金属）和非金属等三大类。准金属兼有金属和非金属的性质，通常包括硼、硅、砷、碲、锑、锗、钋等。

分子之美

分子：由分子构成的物质，分子是保持其化学性质的最小粒子。分子是由原子构成的。

离子：带有电荷的原子或原子团。带正电的原子叫做阳离子，带负电的原子叫做阴离子。

化学式：用元素符号和数字组合表示纯净物质组成的式子。化学式包括分子式、实验式、结构式和电子式等表示方式。

分子式：化学式的一种，是用元素符号和数字表示单质或化合物分子组成的式子。如用H_2O表示水分子组成，Hg_2Cl_2表示氯化亚汞。

元素周期表

图1-9 元素周期表

化学键：通常人们把使离子相结合或原子相结合的作用力叫做化学键。

分子是由原子构成的，分子很小，直径的数量级是 10^{-10}m。例如，将 100 万个水分子排成一个单列，它们的总长度也只有：$4.0 \times 10^{-10} \times 100 \times 10^4 = 4.0 \times 10^{-4}$（m）$= 0.4$（mm）。

原子间的化学键必须遵守一定的游戏规则，如每个碳可以形成四个键，每个氢仅可形成一个键等。

化学键

化学键主要包括离子键、共价键和金属键三种强的典型键型，原子或分子间还存在氢键、疏水相互作用、范德华力、堆积作用等较弱的相互作用力，一般称为次级键。

单质金和汞因原子间结合力的差异，导致物理性质有着很大的不同。如纯金中存在较强的金属键作用力，因而金的熔点为 1064℃（粒径 2nm 的金粉，熔点只有 330℃）；纯汞中原子间的作用力带有范德华力的特征，结合力弱，汞的熔点只有 −38.87℃。

原子相互作用时，金属活泼性极强的原子给出最外层的价电子，形成阳离子。非金属性原子接受电子，变为阴离子。阳离子和阴离子通过静电作用相结合，这种作用被称为**离子键**。若相互作用原子的价电子采取共用的方式成键，则称为**共价键**。金属原子间的相互作用，称为**金属键**。

异构体

分子之美也体现于分子具有一定的对称性。相同原子种类及相同数量原子个数所组成的分子，由于原子间连接的差异而具有不同的性质，即产生了异构现象。如 C_5H_{12} 有三种异构物：正戊烷（$CH_3CH_2CH_2CH_2CH_3$，沸点 36℃）、异戊烷 [（CH_3）$_2$CHCH$_2$CH$_3$，沸点 28℃] 和新戊烷 [（CH_3）$_4$C，沸点 0℃]，（见图 1-10），这种异构现象属于结构异构，它们的挥发性及沸点等性能有显著的差异。

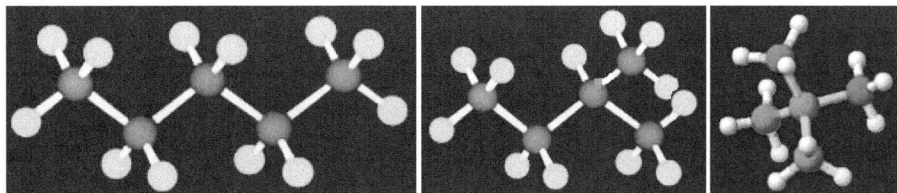

图1-10　三种戊烷异构体的球棍结构模型示意图

同分异构分为构造异构和立体异构等，构造异构分为链异构、位置异构、官能团异构；立体异构包括构象异构、顺反异构和旋光异构（对映异构）。

独立的碳原子、氧原子和氮原子并无特异的性能，但当他们结合到一起变成氨基酸分子后，则成为组成生命的最基本元件。生命赖以生存的全部蛋白质都是由氨基酸折叠组合而成的，这也体现了原子的自组合成更大的结构时，新特性是如何神奇地出现的。人类的每个细胞核中，带有大约 30 亿对 DNA，DNA 的组成元素是 C、H、O、N、P。DNA 是储存信息的媒介，RNA 分子有无限多种形状和尺寸，每个都有独特的功能。1953 年，沃森和克里克提出的 DNA 双螺旋结构模型具有里程碑意义（见图 1-11），它确立了核酸作为信息分子的结构基础，为分子生物学中心法则的建立起到了无可替代的作用。

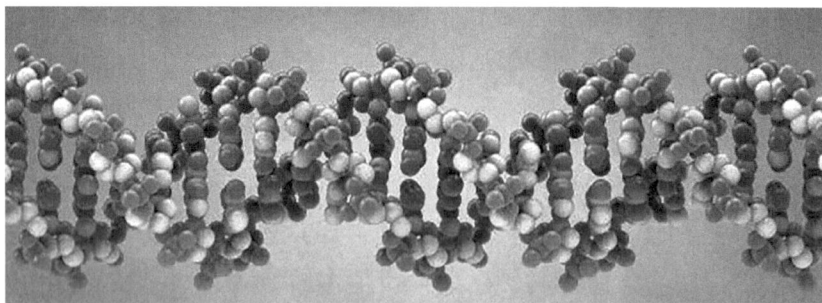

图1-11　DNA双螺旋结构示意图

有趣的分子结构

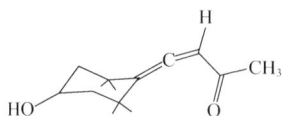

蚂蚱酮

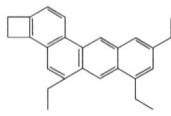

小狗烯

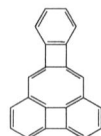

释加牟尼分子

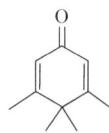

企鹅酮

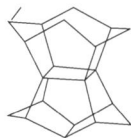

东方塔式庙宇

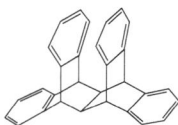

罗马两面神

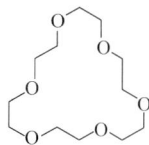

18-冠醚-6

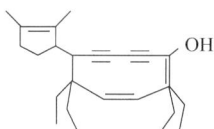

牛烯醇

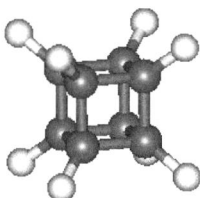

立方烷

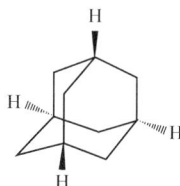

金刚烷

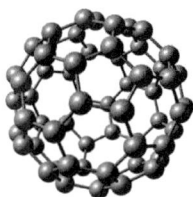

C₆₀

环[18]碳

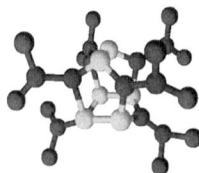

中国湖20(CL-20)

分子波罗米安链环

分子所罗门结

装有客体分子的分子烧瓶

伪装的侵入

分子世界里充满了复杂性，分子识别理应精准。然而，伪装分子的侵入等时有发生，竞争性结合可以致命，也可能救命。例如血红素的主要功能是运输氧气，以维持肌体的生命活动。但血红素分子所结合 O_2 若被 CO 顶替，则会导致细胞缺氧，严重时导致人体 CO 中毒而窒息。治疗乙二醇（防冻液的主要成分）中毒的方法，是对中毒者施用几乎足以使他醉倒的乙醇剂量。乙醇能有效与乙二醇竞争醇去氢酶的相互作用，以此阻碍乙二醇转化为对肾脏有伤害作用的草酸的形成。

扩展
阅读

大气中的氮气，由于形成 N≡N 键（键能 945kJ/mol）而十分稳定。不过全氮衍生物具备高密度、高能量、无污染等特点，在高能材料领域受到高度关注。AgN_3、$Pb(N_3)_2$ 等具有高度爆炸性，不难想象 N_5^+、N_5^- 可能都不稳定。1998 年，美国 K.O.Christe 等合成含 N_5^+ 盐——N_5AsF_6，N_5^+ 为链状角形，稳定性较差。2017 年，南京理工大学胡炳成团队研制成功的全氮阴离子盐 PHAC，N_5^- 呈环状结构，稳定性较好。在室温下钴盐的热分解温度达 116.8℃[1]，其爆炸能量相当于 TNT 的 3～10 倍。

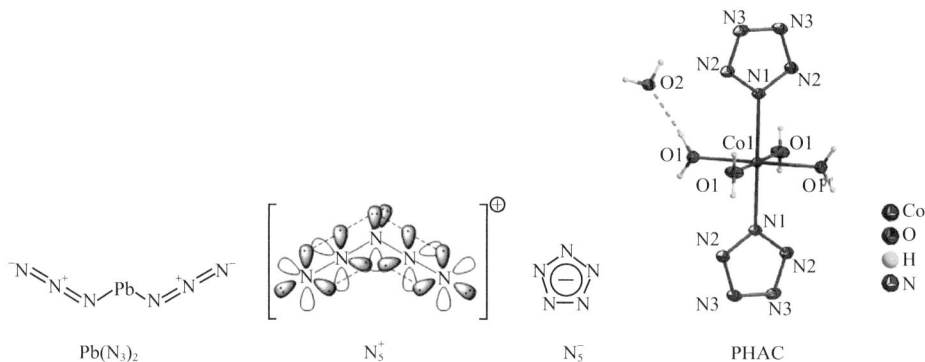

Pb(N₃)₂   N₅⁺   N₅⁻   PHAC

● Co
● O
○ H
● N

认识物质

物理变化：物质的外形或状态发生改变而没有新物质生成的变化。

化学变化：生成新物质的变化叫作化学变化，又叫作化学反应。物质中原子间的排列方式和化学键发生改变的变化，即有新物质形成的变化为化学变化。

物理性质：物质本身的一种属性，不需要经过化学变化所表现出来的可观察可测量的性质。如状态、熔点、沸点、硬度、密度、导电性、导热性、延展性、溶解性、挥发性、吸附性、颜色、气味等。

---

[1] Angew Chem Int Ed. 2017, 56: 4512-4514; Zhang C，Sun C G, Hu B C, et al. Science, 2017, 355: 374-376.

化学性质：物质本身所具有的、只有在化学变化中才能表现出来的性质。如热稳定性、可燃性、氧化性、还原性、酸碱性、金属活泼性、非金属活泼性、腐蚀性、毒性等。

复杂的物质世界是杂乱无章还是有着内在的联系？

现代人已经清楚了构成宇宙中一切物体的实物和场统称为物质。场是一种特殊的物质，虽然看不见摸不着，但占有空间、含有能量，如引力场、电磁场等，是物理学研究的对象之一。

我们周围形形色色的各种各样的东西是否叫物质呢？都不是，它们被称之为物体。构成物体的材料叫物质，化学研究的对象既不是场，也不是物体，而是由原子、分子、离子组成的物质。原子是化学变化中的最小微粒，分子是保持物质化学性质的一种微粒。物质的物理性质绝大多数是由大量分子在一定聚集状态下才能体现和测量出来的，这体现了物理性质的统计性与整体性，例如物质的密度、熔点等。

分子是由原子组成的，分子不但占有体积，而且分子间有一定的间隔，因此不同物质具有不同的物理性质和化学性质。随着温度和压强的变化，纯物质可以从一种物态转变到另一种物态。固体变为液体的过程称为熔化；液体可以凝固为固体。液体可以挥发成气体，这个过程叫做气化，气体可以凝结成为液体。固体可以经过升华直接变为气体；气体可以直接凝华成为固体（见图1-12）。在大气压强下，固体和液体的密度与气体的密度相差很大（见表1-2）。例如，固态硫在熔点处的密度为2.07g/cm³，液态硫在沸点处的密度为1.48g/cm³，硫蒸气密度（沸点处）为0.000543g/cm³。

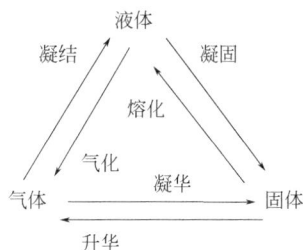

图1-12 物质的形态及变化

表1-2 几种纯物质在不同物态下的密度　　　　　　　　单位：g/cm³

物质	固态密度(熔点处)	液态密度		蒸气密度(沸点处)
		(熔点处)	(沸点处)	
汞	14.19	13.69	12.74	0.00388
硫	2.07	1.80	1.48	0.000543
水	0.917	1.000	0.958	0.000588
氢	0.0771	0.0710	0.0709	0.00121
丙酮	0.969	0.918	0.0792	0.00215

熔点是物质在固体和液体状态下变化的临界温度，沸点则是物质由液体变为气体状态的温度。

扩展
阅读

自然界的物态有多种，除了常见的固、液、气三种状态外，还有等离子态、玻色 - 爱因斯坦凝结和费米子凝聚态三种状态。等离子态是一种高能激发的不稳定态，它与气体非常相似，具有良好的流动性和导电性，对电磁场比较敏感。在茫茫无际的宇宙空间里，等离子态是一种普遍存在的状态，闪电、流星、极光都属于等离子态。

趣味实验

趣味实验应在实验室中由老师指导完成，同学们在实验过程中要严格遵守实验操作规范，保证人身安全。

实验1　点"水"成冰

一、实验用品与试剂

烧杯，培养皿，酒精灯，三脚架，石棉网，火柴，玻璃棒，三水醋酸钠（固体）等。

二、实验操作

① 在 250mL 烧杯中加入 50mL 左右蒸馏水，将约 38g 的三水醋酸钠加入烧杯中。利用酒精灯加热使其完全溶解，制成过饱和醋酸钠溶液。

② 将所制备的过饱和醋酸钠溶液少部分转入培养皿中。

③ 培养皿中的过饱和醋酸钠溶液似清水一般，用玻璃棒轻点培养皿的中

心。有似"冰"固体析出［见图 1-13（a）］。

④ 另取一只培养皿，中心放入几粒固体三水醋酸钠，然后将烧杯中的过饱和醋酸钠溶液慢慢倾倒于培养皿中［见图 1-13（b）］。

⑤ 在空烧杯中加入 100mL 蒸馏水，将约 76g 的三水醋酸钠加入烧杯中，加热、搅拌，使之完全溶解，制成过饱和醋酸钠溶液。

⑥ 将配制好的过饱和醋酸钠溶液冷却至室温，插入一只洁净的玻璃棒［见图 1-13（c）、（d）］。

三、实验现象

实验现象如图 1-13。

① 培养皿中的"水"经玻璃棒触碰后，迅速由触碰点结晶，向周边快速散开，直至全部变为固体"冰"。

② 向固体醋酸钠上倾倒的过饱和液体迅速变为固体，形成美丽的似钟乳般的景观。

③ 玻璃棒低端为中心出现冰花，冰花逐渐向周边扩展，直至完全变为固体。

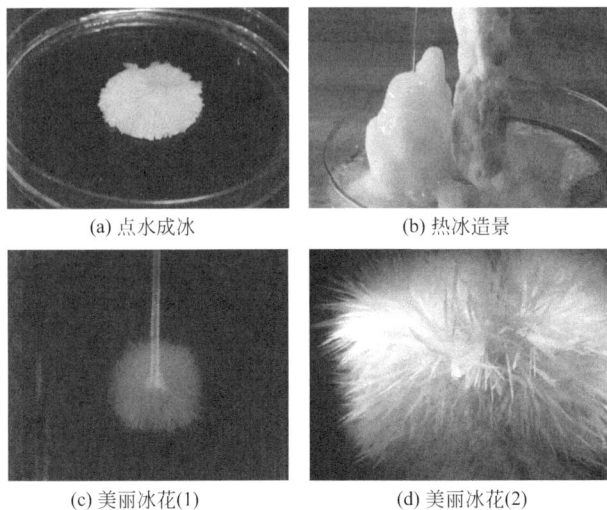

(a) 点水成冰　　(b) 热冰造景

(c) 美丽冰花(1)　　(d) 美丽冰花(2)

图1-13　实验现象

四、实验原理

醋酸钠溶解能够形成过饱和溶液，过饱和溶液在缺少晶种情况下是稳定

的，而一旦有晶种出现，过饱和溶液就会迅速结晶。在过饱和醋酸钠溶液结晶过程中，释放相变热。所以醋酸钠曾用于制备冬季取暖小日用品。

五、注意事项

实验成功的关键首先是所用实验容器必须洁净并防止尘埃落入。其次加入晶种最好小点，这样可使结晶过程稍慢，更容易观察实验现象。

第 2 章

气体

　　人是地球的精灵，人的生存离不开空气、水和食物。1000 年前，人类对空气尚缺乏应有的认识；17 世纪中叶，托里切利发现空气有重量，使得人类发现了大气压并发明了蒸汽机，引起了一场工业革命。18 世纪末期，人们发现了许多先前不被世人知道的气体，如氧气、氮气、二氧化碳、氢气、氯气等。

Fe Li

CHEMISTRY

Cu

气体的通性

摩尔：物质的量是指一定量的物质中所含微粒的多少，它的单位是摩尔，符号 mol，每摩尔物质都含有 6.02×10^{23} 个微粒。

物质通常具有固、液、气三种聚集态，其中气态的密度是最小的。固体和液体很容易被看见，但是大多数气体通常是看不见的。除非气体呈现出一定的颜色，如红棕色的 NO_2；或者该气体具有显著的刺激性气味而被嗅到，如臭鸡蛋味的 H_2S。气体的性质受温度和压强的影响较为显著。

所有气体都是由分子组成的，因此都有质量。气体没有固定的体积和形状，可以自发地适应容器的体积和形状。也就是说，气体可填满任何容器。这是因为气体分子间相互作用力较弱，分子之间相距较大，而气体分子又具有较高的动能，因此气体分子间不可避免地会随机发生频繁的相互碰撞作用，导致气体分子快速地扩散。正是由于气体分子的扩散性，我们能够闻到花香、异臭等各种味道。据说罂粟花盛开时，顺风数千米外都能闻到其特有的花香。

气体分子不仅具有扩散性，而且具有可压缩性。就是说，对于固定量的气体，若使其占据的空间体积减小，可通过施加较高压强的手段达到，也可通过降低体系的温度、减小气体分子热运动的手段达到。

气体具有压强，且气体的压强取决于温度。对于一定量的密闭气体，当气体温度升高时，气体分子的内能增加，分子的热运动加剧，气体压强增大；而当气体温度降低时，气体压强则会降低。这就是为什么在夏天温度很高时，汽车的轮胎或自行车轮胎会有爆炸的危险；而冬天的气温较低，一般情况下，极少会出现爆胎的事故。

气体性质的定量描述，需要采用温度、压强、体积以及气体的分子数等。英国物理和化学家罗伯特·波义耳注意到气体可以被压缩的性质后，展开了一定量气体在温度恒定条件下，气体体积和气体压强之间关系的研究。得出了如果气体的压力升高，体积就会减小；如果气体的压力降低，体积就会增大。

$$p_1 V_1 = p_2 V_2$$

法国化学、物理和天文学家雅克·查尔斯主要研究了气体温度与体积的关系。一定量的气体在压强不变的条件下，如果气体的温度升高，体积则会增加；如果气体的温度降低，体积则会减小。

$$V_1/T_1 = V_2/T_2$$

道尔顿于 1801 年提出了两种或两种以上的气体如果不发生化学反应，那么该混合气体的总气压等于组成混合气体各组分产生气压之和，这就是**道尔顿分压定律**。

1808 年，法国化学家盖·吕萨克在研究各种气体在化学反应中体积变化的关系时发现，参加同一反应的各种气体，在同温同压下，其体积成简单的整数比。

意大利科学家阿莫迪欧·阿伏伽德罗于 1811 年提出："在同温同压下，相同体积的不同气体含有相同数目的分子。"换一种说法："如果取相同体积而种类不同的气体，对它们进行称重，那么它们的质量比等于其分子量之比。"也就是说，在一定温度和压力下，气体的体积之比等于摩尔数之比（$V_1/V_2 = n_1/n_2$），这被称为**阿伏伽德罗定律**。

因此，可以根据气体分子质量之比等于它们在等温等压下的密度之比来测定气态物质的分子量。

如果能够忽略气体分子之间的引力及气体分子所占体积（即抽象看作是数学中的一个点时），这种气体被称为**理想气体**。气体的行为与压力（p）、体积（V）和温度（T）都有关系：压缩气体的体积，其压力就会上升；升高气体的温度，其体积就会增加；如果升高气体的温度而不让气体体积增加，那么气体的压力就会上升。法国工程师克拉伯龙将上述关系归纳成了一个"气体状态方程"：

$$pV = nRT$$

式中，n 是所讨论气态物质的数量，以摩尔计量；R 为理想气体常数，通常为 8.314J/（mol·K）。

在标准状态下（温度 273.15K 和压力 101325Pa），1mol 任何理想气体的体积为 22.4L。冰箱、空气压缩机、气球、天气预报等涉及气体温度和压力变换的场合，都是状态方程的具体应用。

小贴士

同温同压下气体分子的扩散速度与气体密度的平方根成反比，也就是说，分子量小的气体分子，扩散速度快。在原子弹研制过程中，铀同位素（^{235}U 与 ^{238}U）的分离就采用了 UF_6 进行扩散、浓缩的技术方案，使只占 0.72% 的 ^{235}U 与不发生核裂变的 ^{238}U 经过数千次的扩散分离，最终得到足量的浓缩 ^{235}U，用于原子弹的制备或核电站的反应原料。

空气

单质： 由同种元素组成的纯净物。例如金、银、铜、H_2、O_2、O_3、N_2 等。

纯净物： 由一种单质或一种化合物组成的物质。纯净物有固定的组成、结构和性质，能够用一个化学式表示。例如 Ag、Cu、O_2、H_2O、NaCl 等。

化合物： 由不同种元素组成的纯净物。化合物又分为离子化合物和共价化合物。其中，由阴、阳离子相互作用形成的化合物，叫离子化合物，如 $CuSO_4$、NaCl。以共用电子对形成的化合物，叫共价化合物，如 H_2O、CH_3OH、CH_3COOH。

混合物： 由两种或两种以上的纯净物组成，各物质都保持原来的性质。混合物可分为均匀混合物和非均匀混合物两类，但均无新物质生成，均对参与成分无固定比例的要求。如食盐（NaCl）溶于水形成的盐水溶液为混合物。

地球上绝大多数动植物的生存都离不开空气。植物的光合作用需要空气中的 CO_2 参与，人和动物的生存离不开空气中的 O_2。因此，空气是人类和万物生存所必需的。人类生活的地球是被气体包围着，地球大气层厚度约在 1000km 以上，一般分为对流层、平流层、中间层、热层和外逸层。

空气中微小气体分子的真实体积仅有总体积的 1/1000，就是说，空气中 99.9% 的体积是空的。

空气中有人们生存所必需的化学物质，也有另一些会危害身体健康的化学物质。为理解空气的化学复杂性，我们首先要了解空气的组成。

地球大气的组成相当复杂，它是多种气体的混合物，可分为恒定、可变和不定三种组分。除水蒸气外，大气的主要成分见表 2-1。

表2-1 大气的主要成分

物质	N_2	O_2	Ar	CO_2	CH_4	H_2	N_2O	O_3
体积分数/%	78.09	20.95	0.93	0.03	0.0002	0.00005	0.00005	微量

氮气、氧气、稀有气体（主要是氩）为恒定组分，也就是说，空气中氮气、氧气、稀有气体的含量几乎保持不变。干燥空气中含有体积分数分别为 78.09% 的氮气和 20.95% 的氧气，氮氧比值是 3.727。稀有气体约占 0.94%（其中氩 0.93%，氖、氦、氪、氙、氡合计为 0.01%）。世界各地的空气中恒定组

分的含量不变，故空气的平均分子量一般按 29 计算。

CO$_2$ 和水蒸气为可变组分，通常 CO$_2$ 的占比为 0.02% ～ 0.04%（一般认为 CO$_2$ 约占 0.03%），水蒸气的含量少于 4%。这两种气体的含量随季节和气象条件及某些人为因素而发生变化。

大气中的不定组分是指煤烟、尘埃、硫氧化物、氮氧化物、臭氧、部分挥发性有机化合物等，它们多为污染物，只不过这些成分占比很小，且不同地域的变化较大。其中，臭氧在地面是一种污染物；在高空（20 ～ 25km）的臭氧层则发挥保护地球生物的重要作用，是吸收太阳光中过量紫外线的有益物质。

大多数气体通常是看不见的，但是人能够感觉到。在我们的生活中，气体无处不在，呼吸、给轮胎打气、吹气球等场景都能感受到气体。风就是空气的流动所致。如果将一个金属罐打开，内装少量水，沸水中加热，然后封上盖子，快速冷却蒸汽，由于罐内出现一定的真空，罐外空气的压力大于内部气体的压力，金属罐将变形、变瘪。乘飞机外出旅行时，当飞机位于高空大气层中，空气压力比较小，我们会发觉耳朵胀痛，这是身体试图去平衡它的内外压力的一个体现。声音的传递一般是通过空气来实现的，在真空中声音无法传递。

人类认识到了空气的存在与重要性，并对空气的组成等展开探究性研究。

空气是一种重要的资源，O$_2$ 和 N$_2$ 都可作为重要的工业生产原料参与工业生产，稀有气体则可用于霓虹灯的生产及一些医学治疗等。将空气液化分馏，是获得氮气、氧气及稀有气体的重要技术手段。

空气污染

空气污染是指人类活动或自然过程引起某些物质进入大气中，呈现出足够浓度，达到足够的时间，并因此危害人类的舒适、健康和环境的现象。氮氧化物、硫氧化物、CO、H$_2$S、酸雾、油雾及小颗粒粉尘等是主要的污染物。空气中颗粒物直径等于或小于 2.5μm（相当于人类头发直径的 1/20）的细粒被简称为 PM$_{2.5}$，由于其粒径小、活性强，易附带有毒、有害物质，且能够进入呼吸道的细支气管和肺泡，故对人体健康的危害较大。空气污染最直观、明显的感觉就是雾霾笼罩。

随着工业化的快速发展，煤炭及石油的消费量急增，排放至空气中的氮氧化物、硫氧化物及碳氧化物等逐年增加。其中 SO$_2$ 和 NO$_2$ 是形成酸雨的主要成分，CO$_2$ 是造成"温室效应"的主要原因。一个多世纪以来，因 CO$_2$ 排放量增加导致冰川消融加快，极端天气增加，已引起人类极大的关注。

空气中的硫氧化物（如 SO_2、SO_3）与水蒸气反应，生成亚硫酸（H_2SO_3）和硫酸（H_2SO_4）：

$$SO_2 + H_2O \Longrightarrow H_2SO_3$$
$$2SO_2 + O_2 + 2H_2O \Longrightarrow 2H_2SO_4$$
$$SO_3 + H_2O \Longrightarrow H_2SO_4$$

车辆、发电站和工业燃烧过程向空气中释放 NO，NO 被氧气氧化生成红棕色气体 NO_2。而 NO_2 是光化学烟雾的成分之一。NO_2 同样可与空气中的水蒸气反应，生成硝酸：

$$2NO + O_2 \Longrightarrow 2NO_2$$
$$3NO_2 + H_2O \Longrightarrow 2HNO_3 + NO$$

溶解于雨水中的硫酸和硝酸造成雨水的 pH 值降低至 2 或 3，这就形成了酸雨。酸雨会对金属产生腐蚀作用，使大理石雕塑表面遇酸分解。酸雨可能造成植物叶子脱落，植物的根被渗入土壤的酸雨破坏而不能正常生长。酸雨甚至导致湖中的鱼被杀死，破坏生态环境。

大理石受酸雨侵蚀所发生的化学反应：

$$CaCO_3 + H_2SO_4 \Longrightarrow CaSO_4 + CO_2\uparrow + H_2O$$

汽油不完全燃烧所产生的汽车尾气中，有毒气体 CO 是危害最大的污染物。汽油是碳五至碳十二烃类混合物，下面以 C_8H_{18} 为例，说明其燃烧所发生的化学反应。

汽油不完全燃烧所发生的化学反应：

$$2C_8H_{18} + 17O_2 \Longrightarrow 16CO + 18H_2O$$

汽油完全燃烧所发生的化学反应：

$$2C_8H_{18} + 25O_2 \Longrightarrow 16CO_2 + 18H_2O$$

为消除 CO 对大气的污染，汽车上加装有涂覆铂或钯催化剂颗粒的尾气催化转化器，用于氧化汽车排气管中产生的 CO：

$$2CO + O_2 \xrightarrow{\text{Pt或Pd}} 2CO_2$$

高层大气中的臭氧可消除大量紫外线辐射，保护动植物免受致癌紫外线的伤害。而在地表附近的臭氧却是大气光化学烟雾的主要成分，会导致眼睛过敏和呼吸困难等。空气污染的加速，尤其是氟利昂类制冷剂对大气臭氧层的破坏，导致出现南极臭氧层空洞，但是臭氧层的自我修复需要相当长的时间才能完成，这也使得限制含氯氟烃制冷剂的使用和排放十分必要。

氢气

同位素：具有相同质子数和电子数，不同中子数（或不同质量数）同一元素的不同核素，互称同位素。或者说，同位素是原子序数相同而原子质量不同的原子。

活泼性：元素或化学物质在化学反应中的活泼程度。越容易或者越快与其他物质发生化学反应的物质就越活泼。金属活泼性指该金属在化学反应中的活泼程度。

一种元素可以存在若干同位素，现已知 2000 种同位素，估计还存在约 8000 种。例如氢主要有三种同位素：只有一个电子绕着只有一个质子的原子核运动的"一般氢"（$_1^1H=H$，气）；一个电子绕着含有一个质子和一个中子的原子核运动的重氢（$_1^2H=D$，氘）；一个电子绕着含有一个质子和两个中子的原子核运动的超重氢（$_1^3H=T$，氚）。因氚（T）极不稳定，分布极少。大自然中氢的三种天然同位素的丰度分别为：氕（H），99.985%；氘（D），0.015%；氚（T），10^{-20}%。

氢是宇宙中最重要的物质，占整个宇宙中原子总数的 90%，占可见宇宙重量的 75%。氢的原子核中仅含有一个质子，核外只有一个电子，因此氢原子的体积非常小。氢气是世界上最轻的气体。太阳主要是由氢元素组成的，太阳每秒就消耗掉 6 亿吨氢，把它转化成 5.96 亿吨的氦。氢的燃烧（核聚变）放出巨大能量，使太阳"光芒万丈"，孕育了地球上的万物。

氢气的密度为 0.0899g/L，熔点 –259℃，沸点 –253℃，临界温度 –240℃。在标准压力下，温度降低到 –252.87℃时，气态的氢气可以转化为液态氢。继续降温到 –259.1℃，则可形成雪花状固态氢。

由于氢气燃烧发热量高，生成物是无污染的水，且资源丰富，因此氢气是一种理想的二次能源。氢能的开发和利用需要解决氢的制取、储存和利用三个问题。

1989 年，科学家在 –196℃ 的低温和 250 万个大气压 ❶ 下，首次制得了黑色超微粒子化的半导体固态氢单质。2017 年，在约 495 万个大气压下，制得了具有金属性质的金属氢 ❷。其电阻突然下降到原来的百万分之一，氢从绝缘体转变成了导电体，因此这被称为"金属氢"。据科学家估算，金属氢的密度可能仅为 0.7g/cm³，但强度却是铁的 2 倍。关键是金属氢属于超高能含能材料，爆速可达 15000m/s，超过第二宇宙速度。虽然金属氢炸药有更高的爆炸力，某些国家也将金属氢及金属氢武器化作为研究课题，但金属氢的制备极其复杂昂贵，性能也不稳定，短时间内难以实战化，所以金属氢并不是一个好的突破方向。

氢气的化学性质

氢气是一种可燃性气体，与氧气反应，放出大量的热：

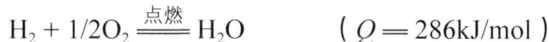

$$H_2 + 1/2O_2 \xrightarrow{\text{点燃}} H_2O \qquad (Q = 286kJ/mol)$$

氢氧焰温度达 2500 ～ 3000℃，可以用来熔化和加工石英制品。原子氢焰温度高达 5000℃，适于切割和焊接熔点很高的金属或合金。

氢气与氮气在高温高压催化剂条件下反应，生成 NH_3。合成氨的工业化生产为提高粮食产量奠定了坚实的基础。合成氨使工业化生产硝酸成为现实。

$$N_2 + 3H_2 \xrightleftharpoons[\text{催化剂}]{\text{高温，高压}} 2NH_3$$

氢气是一种较好的还原剂，加热条件下可还原氧化铜，使黑色的氧化铜逐渐变为红色的单质铜：

$$H_2 + CuO \xrightarrow{\triangle} Cu + H_2O$$

氢气作为还原剂最突出的优点是所制备产物的纯度高，例如单晶硅和海绵

---

❶ 一个大气压为 101325Pa，余同。

❷ Dias R P, Silvera I F. Science, 2017, 355: 715.

钛的制备：

$$SiCl_4 + 2H_2 \xrightarrow{\text{高温}} Si + 4HCl, \qquad TiCl_4 + 2H_2 \xrightarrow{\text{高温}} Ti + 4HCl$$

氢气和非常活泼的金属直接化合，可生成离子型氢化物：

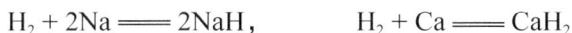

$$H_2 + 2Na === 2NaH, \qquad H_2 + Ca === CaH_2$$

离子型氢化物（如 NaH）及复合氢化物（如 LiAlH$_4$、NaBH$_4$）均具有很强的还原性，是很好的还原剂。

氢气与卤素等非金属单质进行化合反应，生成共价型化合物：

$$H_2 + Cl_2 \xrightarrow{\text{点燃}} 2HCl$$

氢气在有机合成工业上用于不饱和烃的加氢反应和醛类的加氢还原等，例如植物油通过加氢反应，可由液体变为固体，得到人造黄油；苯选择性加氢还原可制得环己烯等。

氢气的制备

人类第一次制得氢气是在 1766 年，由英国人亨利·卡文迪许把铁、锌与稀盐酸、稀硫酸反应而获得。

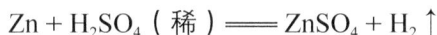

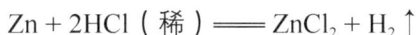

$$Zn + H_2SO_4（稀）=== ZnSO_4 + H_2 \uparrow$$
$$Zn + 2HCl（稀）=== ZnCl_2 + H_2 \uparrow$$

这种制备方法可用于实验室制备少量的氢气。

实验室也可采用活泼金属（钠或钠汞齐等）或金属氢化物与水反应来制取少量的氢气：

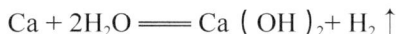

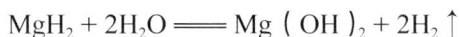

$$2Na + 2H_2O === 2NaOH + H_2 \uparrow$$
$$Ca + 2H_2O === Ca（OH）_2 + H_2 \uparrow$$
$$NaH + H_2O === NaOH + H_2 \uparrow$$
$$MgH_2 + 2H_2O === Mg（OH）_2 + 2H_2 \uparrow$$

粉碎得很细的 NaH 置于潮湿空气中甚至可能着火，而实验合成的 NaH 在分离时需要采用惰性气体进行保护，否则极易燃烧。

锌或铝与浓氢氧化钠溶液反应，制备的氢气纯度较高：

$$Zn + 2NaOH + 2H_2O \xlongequal{\quad} Na_2[Zn(OH)_4] + H_2\uparrow$$

$$2Al + 2NaOH + 6H_2O \xlongequal{\quad} 2Na[Al(OH)_4] + 3H_2\uparrow$$

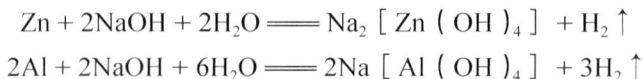

单质硅与碱反应，也可得到氢气：

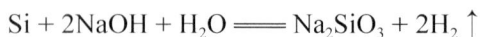

$$Si + 2NaOH + H_2O \xlongequal{\quad} Na_2SiO_3 + 2H_2\uparrow$$

电解水制氢是获得高纯度氢的重要方法，也是工业制氢最常采用的手段。

$$2H_2O \xlongequal{电解} 2H_2\uparrow + O_2\uparrow$$

由于水的导电性较低，在实际操作上需要加入一些电解质以增加水的导电性。为了提高制氢效率，电解常在较高的压力下进行，如 3 ～ 5MPa，电解效率一般为 50% ～ 70%。电解水制氢耗电太高，对于电力紧张的国家和地区，这种方法是不经济的，也是不环保的（尤其是采用煤炭发电）。对于水电资源丰富或核电充足的国家或地区，这种方法有可能被采用。电解水制氢耗电太高，多用于演示实验。

工业制备氢气还可采取水蒸气与铁水反应的方法进行：

$$4H_2O + 3Fe \xlongequal{\quad} Fe_3O_4 + 4H_2\uparrow$$

以化石燃料（煤、石油及天然气）作原料制氢是长期以来最主要的方法，例如煤制氢的核心是焦化和煤气化（水煤气法等）技术。

假如在封闭地下煤矿井中，鼓入氧气和水蒸气使之与煤发生水煤气反应。

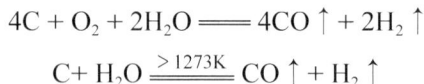

$$4C + O_2 + 2H_2O \xlongequal{\quad} 4CO\uparrow + 2H_2\uparrow$$

$$C + H_2O \xlongequal{>1273K} CO\uparrow + H_2\uparrow$$

水煤气可通过变换反应转化为 H_2 和 CO_2。

$$4CO + 2H_2 + 4H_2O \xlongequal{\quad} 4CO_2\uparrow + 6H_2\uparrow$$

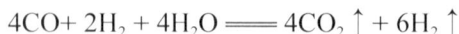

CO_2 和 H_2 经分离，就可获得价格相对比较低廉的规模化的氢气作为能源，而 CO_2 可作为化工生产的原料气体，用于制造尿素、纯碱等。这种生产就不需要掏空地下煤层、运输原煤，也避免产生大量的煤灰。

天然气制氢是化石燃料制氢工艺中一种最经济、合理的方法，也是目前工业上制氢最主要的方法，约占现在工业制氢量的 90% 以上。

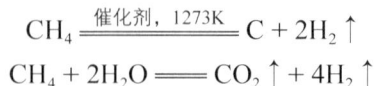

$$CH_4 \xlongequal{催化剂, 1273K} C + 2H_2\uparrow$$

$$CH_4 + 2H_2O \xlongequal{\quad} CO_2\uparrow + 4H_2\uparrow$$

$$CH_4 + H_2O \xrightarrow{1373K} CO\uparrow + 3H_2\uparrow$$
$$CO + H_2O \Longrightarrow CO_2\uparrow + H_2\uparrow$$

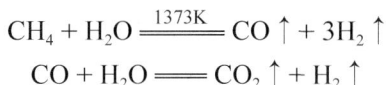

实际生产中，反应压力 2 ～ 3MPa，反应温度 750℃～ 920℃，耗能很高。

从传统燃料和碳氢化合物中制备氢有两种基本方法，即蒸汽重整和部分氧化法。利用生物质制氢（生物质热化学法、生物质液化再转化制氢法及微生物化学分解法），也是科学家解决氢能的一个方向。

扩展阅读 C

以水为主要原料（尤其是海水制氢），采用热化学循环分解制氢。已研发了 20 多种热化学循环体系，有的已进入中试阶段。例如，热化学硫 - 碘循环制氢的主要反应：

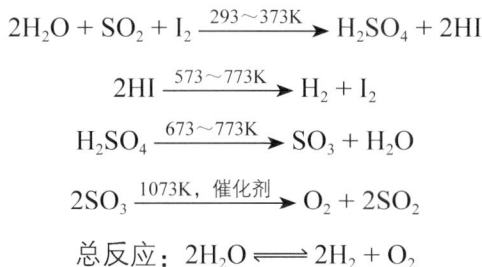

$$2H_2O + SO_2 + I_2 \xrightarrow{293\sim373K} H_2SO_4 + 2HI$$

$$2HI \xrightarrow{573\sim773K} H_2 + I_2$$

$$H_2SO_4 \xrightarrow{673\sim773K} SO_3 + H_2O$$

$$2SO_3 \xrightarrow{1073K, \text{催化剂}} O_2 + 2SO_2$$

总反应：$2H_2O \Longrightarrow 2H_2 + O_2$

太阳能制氢是最为诱人的方向。利用光催化分解水制氢[1]，催化剂的筛选最为关键。中科院大连化学物理研究所李灿院士课题组设计组装的光催化剂，有效地解决了电子和空穴的分离和传输问题，利用新型试剂在可见光照射下取得了 93% 的产氢量子效率，已经接近自然界光合作用原初过程的量子效率水平[2]。光活性化合物吸附于光催化剂表面，利用这些光活性物质在可见光下有较大的激发因子的特性，只要活性物质激发态电势比半导体导带电势更负，就可能将光生电子输送到半导体材料的导带，从而扩大激发波长范围，增加光催化反应的效率。常用的光敏化剂包括菁染料、酞菁、卟啉、香豆素、叶绿素、

[1] Abe R, et al. Chem Phys Lett, 2003, 379: 230.
[2] Yan H J, Yang J H, Li C, et al. J Catalysis, 2009, 266(2): 165.

荧光素、曙红、赤藓红、孟加拉玫瑰红、罗丹明 B、联吡啶钌等。

染料敏化半导体一般涉及 3 个基本过程：染料的吸附——→吸附态染料被激发——→激发态染料分子将电子注入半导体的导带上。将染料以物理或化学吸附的方法附着于光电极表面，通过染料的光敏化扩展光电极在可见光区的光谱响应，达到光敏化电极分解水的目的。

微生物制氢技术是利用微生物在常温下进行酶催化反应制氢，主要有化能营养微生物产氢和光合微生物产氢两种。光合微生物，如微型藻类和光合作用细菌的产氢过程与光合作用相联系，有 16 种绿藻和 3 种红藻有产生氢的能力，加拿大已建成每天生产液态氢 10t 的工厂。微生物制氢尚处于研究探索阶段。

氢的储存

氢在通常条件下以气态形式存在，且易燃、易爆、易扩散。

氢的储存方式分为物理法和化学法两大类。物理法主要有：低温液态储氢、高压压缩储氢、新型碳材料储氢（如碳纳米管吸附储氢等）、类石墨结构纳米管储氢、金属有机框架材料储氢等；化学法主要有：金属氢化物储氢、配位氢化物储氢、有机液态氢化物储氢、其他含氢物质储氢等。

在标准压力 101.325kPa，温度降低到 –252.87℃时，氢气可由气态变为液态。由于成本过高，只能在一些特殊领域得以应用，如航天领域用液氢作为火箭推进剂，宇宙飞船携带液氢作为燃料。

采用高压压缩，高压钢瓶在约 1.8MPa 下储氢，H_2 只占钢瓶重量的 1.6%。采用钛金属瓶，其储氢质量也只有 5%。

活性炭吸附储氢、碳纳米管储氢、金属有机骨架储氢材料、水合物储氢等，都是目前十分活跃的研究领域。例如，25℃、101325Pa 条件下，10L H_2 气体与金属 Li 反应，得到的 LiH 仅占约 4.3mL。

$$Li + 1/2H_2 = LiH$$

更为神奇的是，无需使用任何外界的压力，一块固态的钯能吸附的氢气量相当于它自身体积的 900 倍。

合金的储氢能力约是储氢钢瓶的 7～8 倍。一种稀土合金（镧镍合金，$LaNi_5$）储氢罐，平均每立方米可储氢 103kg。

氢的应用

氢气是很好的清洁能源，那么什么是好的燃料？好的燃料不仅要求燃烧时释放能量高，存储、使用安全可靠，而且还要求价格具备竞争优势。目前使用的部分一次性能源及可再生能源的价格和释放能量见表2-2。

表2-2　部分燃料的价格和释放能量

燃料名称	氢气	天然气	甲烷	乙醇	石油	汽油	碳	煤	糖
能量（kJ/g）	143.2	48.6	55.7	29.7	47.3	42	32.6	约30	17
价格（元/L）	1.25	0.0024	约0.0069	3.38	2.22	6.53	约3.2	约0.65	约5.4

氢气是一种易燃气体，作为一种储量丰富、能量密度高、清洁的绿色能源，氢能的开发和利用引起了许多国家的高度重视。燃烧1g氢气可释放的热能，大约相当于 2.7 ～ 3g 汽油燃烧后所产生的热能。

$$2H_2（气体）+ O_2（气体）\xrightarrow{点燃} 2H_2O（气体）\qquad \Delta_r H^\ominus = -242 \text{ kJ/mol}$$

点燃纯净的氢气能在空气中安静地燃烧，发出淡蓝色火焰，放热。燃烧反应的产物是对环境友好的水。需要注意的是，点燃氢气和氧气的混合气体时可能会发生爆鸣或爆炸（取决于量的多少）。氢气在空气中的体积分数在 4.0% ～ 74.2% 时，遇到火源就会发生爆炸，**因此点燃氢气之前必须要检验氢气的纯度！**

氢氧焰温度达 2500 ～ 3000℃，原子氢焰温度高达 5000℃，适于切割和焊接熔点很高的金属或合金。

液氢可用于火箭发射的燃料，燃氢汽车和飞机均已经成为现实，有的航天飞机的液态氢储罐存有近 1800m³ 的 H_2。氢气具有很强的还原性，冶金工业中用于金属的制备，其突出优点是冶炼出的金属纯度高。

扩展
阅读

氚（T）是核聚变反应的重要原料，但地球上稀少，总量仅为 15 ～ 20 t。科学家推测月球上氚（T）的总存储量约 100 万吨～ 500 万吨，这是一种重要

的战略资源。与铀（^{235}U）等质量的氢（D和T），聚变放出的能量约为^{235}U裂变放出能量的4倍。

1952年11月1日，美国在马绍尔群岛上进行了地球上第一次热核爆炸试验，"Mike"炸弹重约62t，以液氚为原料，爆炸强度相当于1000万吨TNT炸药，爆炸所产生的火球升到了10000m的高空，直径达6500m，地面上形成了一个直径2000m、深50m的大坑。苏联于1953年8月12日以固态氚为原料的氢弹进行了爆炸试验，并取得成功。中国第一颗氢弹爆炸是1966年12月28日，采用氚化锂为原料；1967年6月17日，又成功地进行了空投氢弹的爆炸。

氢气球能够飘动在空气中，是因为其密度小，只有空气的1/14。但由于氢气易燃易爆，使用安全性较差。1937年，兴登堡氢气球（球内装有30万立方米氢气）突然爆炸，造成36人死亡。氦气球是最安全的，但由于氦气制备成本要高很多，应用受到一定限制。

现代热气球则是利用了温度高的气体与常温下的气体具有不同的密度，因而获得上升的浮力。一些旅游景点，常常有乘热气球升空观光的项目。

氧气

化合反应： 由两种或两种以上的物质反应生成另一种新物质的反应。

分解反应： 由一种反应物生成两种或两种以上其他物质的反应。

催化剂： 在化学反应里能改变反应物化学反应速率而不改变化学平衡，且本身的质量和化学性质在化学反应前后都没有发生改变的物质。

氧气是空气的主要组分之一，空气中，氧气的体积百分比约为21%。如果氧气的水平上升到25%以上，或者氧气的水平下降到17%以下，人类将不能存活。

在大气层中，氧气约占大气质量的23%。在地球周围，有1000万亿吨氧气包围着它。在地壳中，氧元素含量占总质量的49.5%（有的学者认为是48.6%），海洋重量的86%是氧元素。氧在-183℃时变为淡蓝色液体。在约-218℃时变为淡蓝色雪花状的固体。高压下，固态氧的颜色变到橙色，压力升到10GPa时变为红色。

氧气的制备

实验室制备方法

实验室制备少量氧气，有多种方法，例如：H_2O_2、HgO、KNO_3 或 $NaNO_3$ 的分解反应，Na_2O_2 与水或 CO_2 反应，或者 $KClO_3$ 与 MnO_2 反应，或 $KMnO_4$ 热分解等。

$$2H_2O_2 \xrightarrow{MnO_2} 2H_2O + O_2 \uparrow$$
$$2HgO \xrightarrow{\triangle} 2Hg + O_2 \uparrow$$
$$2KNO_3 \xrightarrow{673K} 2KNO_2 + O_2 \uparrow$$
$$2Na_2O_2 + 2H_2O == 4NaOH + O_2 \uparrow$$
$$2Na_2O_2 + 2CO_2 == 2Na_2CO_3 + O_2 \uparrow$$
$$2KClO_3 \xrightarrow{MnO_2, \ 加热} 2KCl + 3O_2 \uparrow$$
$$2KMnO_4 \xrightarrow{加热} K_2MnO_4 + MnO_2 + O_2 \uparrow$$

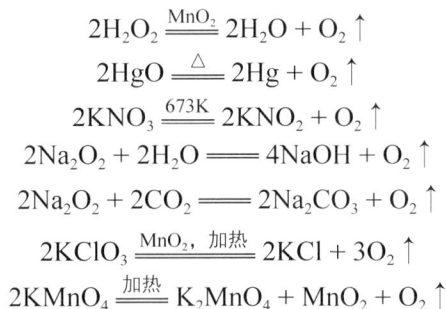

气体收集可采用排水法或排空气法，向上排空气法收集的是比空气密度大的气体，向下排空气法收集的是比空气密度小的气体。

工业制备方法

工业上采用分馏液态空气的方法来制备氧气（沸点 –183℃）、氮气（沸点 –196℃）。

空气 $\xrightarrow{加压，降温}$ 液态空气 $\begin{cases} \xrightarrow{减压蒸发} 氮气 \xrightarrow{降温，加压} 液态氮（装入钢瓶，勿压）\\ \xrightarrow{减压蒸发} 液态氧（装入钢瓶，勿压）\end{cases}$

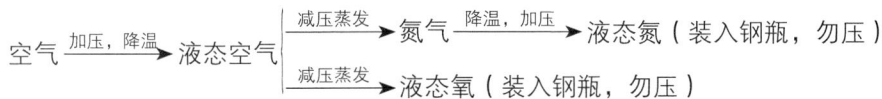

采用中国自主生产的 10 万等级空分装置，能够得到纯度 99.87% 的氧气，实现液态空气的高效分离。

在一定压力下，让空气通过具有富集氧气功能的薄膜，可得到含氧量较高的富氧空气。利用这种膜分离技术进行多级分离，可以得到含 90% 以上氧气的富氧空气。

氧气的化学性质

氧化反应：物质（分子、原子或离子）失去电子或电子偏离的反应。如物

质与氧发生的化学反应。

氧化还原反应：物质发生电子转移（或电子对偏移）的反应。或者说反应前后元素的化合价发生改变（有电子得失或偏移）的反应。

氧气是一种化学性质比较活泼的气体，在一定条件下，氧气能与许多物质发生化学反应，同时产生热量。金属（如钠、镁、铁等）、非金属（如碳、磷、硫等）、有机物（如乙醇、乙炔、蜡烛等）等均可在氧气中燃烧，因为氧气是一种氧化剂，是形成燃烧不可或缺的因素之一。

镁条在空气中剧烈燃烧，发出耀眼的强光，生成白色固体粉末：

$$2Mg + O_2 \xrightarrow{\text{点燃}} 2MgO \qquad （亮白火焰）$$

细铁丝或铁丝绒在纯氧中剧烈燃烧，火花四溅，生成熔融的黑色固体小颗粒：

$$3Fe + 2O_2 \xrightarrow{\text{点燃}} Fe_3O_4 \qquad （火花四溅）$$

单质硫在空气中燃烧，发出淡蓝色的火焰；硫在纯氧中剧烈燃烧，发出蓝紫色的火焰，同时生成具有强烈刺激性气味的气体，该气体是二氧化硫（SO_2），可使品红试剂褪色：

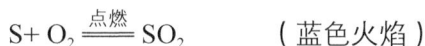

$$S + O_2 \xrightarrow{\text{点燃}} SO_2 \qquad （蓝色火焰）$$

磷在纯氧中剧烈燃烧（白磷的着火点低，只有40℃；红磷的着火点较高，240℃），冒出很浓的白烟。反应后瓶壁瓶底附着一层白色固体。加水可使白色固体溶解，所得溶液可使蓝色石蕊试纸变红。

$$5O_2 + 4P \xrightarrow{\text{点燃}} 2P_2O_5 \qquad （白烟）$$

红热的木炭在纯氧中剧烈燃烧，放出炽热的白光。反应后倒入澄清的石灰水振荡后变浑浊：

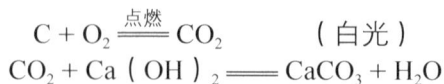

$$C + O_2 \xrightarrow{\text{点燃}} CO_2 \qquad （白光）$$
$$CO_2 + Ca（OH）_2 \xrightarrow{} CaCO_3 + H_2O$$

乙醇在氧气中燃烧，发出黄色火焰：

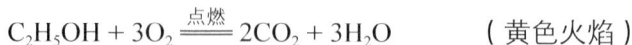

$$C_2H_5OH + 3O_2 \xrightarrow{\text{点燃}} 2CO_2 + 3H_2O \qquad （黄色火焰）$$

蜡烛在纯氧中剧烈燃烧，发出白光，瓶壁出现水珠，倒入澄清石灰水振荡变浑浊：

$$C_{17}H_{35}COOH + 11O_2 \xrightarrow{\text{点燃}} 9H_2O + 5CO_2 + 5CO + 8C + 9H_2$$

乙炔在纯氧中剧烈燃烧，发出刺眼的强光：

$$2C_2H_2 + 5O_2 \xrightarrow{\text{点燃}} 2H_2O + 4CO_2$$

氧气的用途

　　当氧气供给量稍有不足时，人便感到头晕。到过青藏高原的人，多数会出现轻微的高原反应：呼吸不顺畅，心跳加快。

　　由于组织缺血缺氧引发的疾病，可以采用高压氧辅助治疗。但当高压氧的压力超过部分组织的耐受程度时，长时间持续呼吸高压氧，就会导致组织氧化损伤。英国科学家保尔·伯特早在 19 世纪中叶就发现，如果让动物呼吸纯氧会引起中毒，人类也同样。吸入气体中氧浓度高于 50% 时就可能发生氧中毒。医生和病人都应该清醒地认识到，高压氧治疗的效果并不一定是那么有效，尤其是对于一些慢性病的治疗与恢复。

　　乙炔在纯氧中燃烧能产生 3000℃ 以上的高温，能使金属熔化和氧化。当控制氧气量不足时，燃烧还有还原性气体产生，以保证熔化的铁不被氧化而被焊接在一起。当氧气过量时，熔化的铁被氧化成 Fe_3O_4 并被高压的气流吹掉，从而达到切割金属的目的。

　　液氧炸药是用液态氧作氧化剂，固体可燃物作吸收剂，使用前浸入到液态氧中，然后用雷管引爆。由于可燃物与氧气发生激烈氧化反应，产生大量的水蒸气、二氧化碳等气体，同时因反应放出大量热而使气体体积发生剧烈膨胀，因而可产生巨大的爆炸力。

小贴士　　　　医用氧气纯度要求 99.5% 以上，在生产和充装过程中除了去除对人体有害的气体外，最主要的就是严格控制氧气中的水含量。工业氧是用于工业生产及产品加工的气体，质量要求较低，一般要求纯度在 99% 以上为合格。工业氧中除了可能含有对人体不利的 CO、CO_2 等气体外，还可能含有水及其他杂质。

氧气（O_2）为双原子气体分子，还有一种由氧原子组成的三原子同素异形体分子——臭氧（ozone），一定条件下（例如放电），氧气可被转化成臭氧：$3O_2$（g）$\xrightarrow{\text{放电}}$ $2O_3$（g）。

气态臭氧是一种天蓝色气体，有刺激性腥臭气味，浓度高时与氯气气味相像；冷却时可凝结成深蓝色液体或蓝黑色液体，并可凝固成紫黑色晶体。臭氧是一种比普通氧气更强效的氧化剂，可用于杀灭空气中和饮用水中的细菌。臭氧的杀菌能力是氯气的 600 ～ 3000 倍，水中臭氧浓度 0.3 ～ 2mg/L 时，一分钟内就可以杀死细菌。臭氧常用于水的净化以及纸浆和纤维的漂白。

在地面，臭氧是一种污染物，是形成光化学烟雾的主要因素之一，臭氧对人体的危害远高于 $PM_{2.5}$（颗粒物平均直径小于 2.5μm，约等于人类头发直径的 1/20，这类颗粒物可以深入到肺部并引起各种危害）。臭氧中毒的症状包括胸痛、咳嗽、打喷嚏、肺水肿。

静电复印机、电机、变压器、焊枪、计算机机房等都是臭氧聚集地，要注意通风排气。

太阳光能够将 NO_2 和 O_2 分子中的一个 N—O 键和 O—O 键断开：

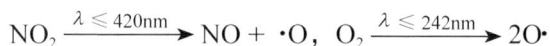

$$NO_2 \xrightarrow{\lambda \leqslant 420nm} NO + \cdot O, \quad O_2 \xrightarrow{\lambda \leqslant 242nm} 2O\cdot$$

新形成的氧原子（O·）活性高，可与氧分子结合，生成臭氧分子：

$$O_2 + O\cdot \rightarrow O_3$$

臭氧在小于等于 320 nm 光子的作用下，发生下面的反应：

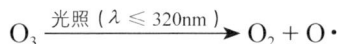

$$O_3 \xrightarrow{\text{光照}(\lambda \leqslant 320nm)} O_2 + O\cdot$$

地球大气层中大约有 45 亿吨的臭氧，对流层和平流层里都有臭氧分子存在，其中离地面 25km 处的平流层有一臭氧层，每十亿个空气分子和原子中最多含有约 12000 个臭氧分子。对流层中，每十亿个空气分子中一般含有 20 至 100 个臭氧分子。就是说，大气中 90% 的臭氧出现在平流层中，臭氧每天都处于形成和分解的动态平衡中。由于臭氧能够吸收大部分波长 200 ～ 320nm 的紫外辐射，大大减弱了紫外辐射的危害，因此在高空中臭氧是有益的，它保护了地球上的生命。

一年之中，臭氧浓度的最高峰集中在夏季；一天之中，14 时到 16 时一般是峰值区。臭氧层在地球上空 15 ～ 50km 处，在每年的某些时候，臭氧最容易受到氯原子的破坏，每一个氯原子（自由基）能毁灭多达 10 万个臭氧分子。氯原子来自于含氯氟烃类化合物（如氟利昂），这类化合物广泛使用于空调、冰箱和气雾喷洒剂，很容易泄露到空气中。

南极洲的实验证实，臭氧空洞的形成确实与氟利昂有关。荷兰的保罗·克鲁岑，马里奥·莫利纳和舍伍德·罗兰对于臭氧的形成和分解方面做出了杰出的贡献，获得了 1995 年的诺贝尔化学奖。氟氯的烃类化合物过去主要用作制冷剂和喷雾剂中的压缩气体，经证明具有环境危害性，它们与大气层中的臭氧作用，可以诱发连锁反应，把臭氧转变成氧气，在臭氧层形成"空洞"。

二氧化碳

空气中含有 CO_2 是 18 世纪 50 年代由约瑟夫·布拉克发现的。20 世纪 30 年代末期科学家们发现化石燃料的燃烧使大气中 CO_2 的量增加。大气中 CO_2 含量在工业革命前约为 $280cm^3/m^3$，到 1999 年已经达到了 $367cm^3/m^3$，增加了近 31%。

近一个世纪以来，由于人口增多，工业化进程加快，煤、石油的开采与使用量急剧增加，导致大气中排放 CO_2 过量，产生"温室效应"，造成全球变暖。气温升高会使两极冰山融化量显著增加，冰川消退加速，异常气候增加，严重危害到地球生物圈的生存。为"将大气中的温室气体含量稳定在一个适当的水平，进而防止剧烈的气候改变对人类造成伤害"，1997 年 12 月在日本京都由联合国气候变化框架公约参加国三次会议制定了《京都议定书》，到 2009 年 2 月，一共有 183 个国家通过了该条约。

二氧化碳的性质

CO_2 微溶于水，部分溶于水的 CO_2 与水化合生成二元弱酸——碳酸，碳酸不稳定，受热分解。

$$CO_2 + H_2O \rightleftharpoons H_2CO_3$$

石灰石山脉受到含 CO_2 天然水的侵蚀，形成各种奇峰异石。碳酸钙与碳酸氢钙在一定条件下的转化，导致大量石灰岩地质结构溶洞中呈现出钟乳石、石笋、石柱、石幔、石花等奇观。喀斯特地貌的形成同样离不开 CO_2 的参与。

$$CaCO_3 + CO_2 + H_2O \rightleftharpoons Ca(HCO_3)_2$$

水质硬度较大地区的居民，在烧开水时，水壶中易生出水垢（以 $CaCO_3$ 为主的固体沉淀物）。

$$Ca(HCO_3)_2 \xrightarrow{\triangle} CaCO_3\downarrow + CO_2\uparrow + H_2O$$

CO_2 密度比空气大，易集聚在沼泽低地、矿井、山洞、涸井、白薯窖、菜窖等中，造成 O_2 浓度降低，处于该类环境中，可能使人和动物窒息、甚至死亡。

CO_2 是绿色植物光合作用必需的原料，增加 CO_2 可促进光合作用：

$$6CO_2 + 6H_2O \xrightarrow{光照} C_6H_{12}O_6 + 6O_2$$

在 101.325kPa 压强下，CO_2 的溶解度为 3.35×10^{-2}mol/L。

在碳酸饮料中，CO_2 的压强大于大气压，因此当打开碳酸饮料瓶后，液体所受压强迅速下降，导致气泡的产生。啤酒溶液中也加有 CO_2，当啤酒瓶开启时，瓶体中的气体（主要是 CO_2，也有一部分水蒸气）的温度将由于气体膨胀而降低。

二氧化碳的制备

碳与足量氧气反应，生成 CO_2。CO 与氧气反应，生成 CO_2。

$$C + O_2 \xrightarrow{燃烧} CO_2, \quad 2CO + O_2 \xrightarrow{燃烧} 2CO_2$$

小苏打（$NaHCO_3$）与醋（CH_3COOH）混合，产生 CO_2。

$$NaHCO_3 + CH_3COOH == CH_3COONa + CO_2\uparrow + H_2O$$

实验室制取 CO_2 可采用盐酸与石灰石或大理石反应的方法，装置多用启普发生器，气体收集用向上排空气法。

$$CaCO_3 + 2HCl == CaCl_2 + H_2O + CO_2\uparrow$$

也可直接加热易分解碳酸氢盐或碳酸盐制取少量 CO_2。

$$2NaHCO_3 \xrightarrow{\triangle} Na_2CO_3 + H_2O + CO_2\uparrow$$

工业上用煅烧石灰石的方法制取 CO_2。CO_2 也可能是某些化学反应的副产品。

$$CaCO_3 \xrightarrow{高温} CaO + CO_2\uparrow$$

制备 CO_2 气体时，微量或少量的 CO 气体需要除去。根据 CO 具有还原性，使气体通过加热的氧化铜粉末，达到去除 CO 的目的。不能采用点燃的手段除去 CO，因为混合气体中 CO 量少，不能被点燃。

$$CuO + CO \stackrel{\triangle}{=\!=\!=} Cu + CO_2 \uparrow$$

二氧化碳的应用

CO_2 最大的用途是植物进行光合作用使其转化为碳水化合物。以二氧化碳为 C_1 合成子参与的过渡金属催化羧基化反应，可有效构建各种羧酸类化合物及其衍生物，是二氧化碳利用和实现碳循环的理想途径之一[❶]。如将 CO_2 氢化还原转化为甲醇、甲烷是目前新能源开发的重要课题；电化学还原二氧化碳为乙烯不仅能缓解温室效应而且能得到高附加值的石油化工产品乙烯[❷]。中科院大连化学物理研究所利用多功能复合催化剂（$Na–FeO_x/HZSM–5$），使 CO_2 直接加氢转化为高辛烷值汽油，CO_2 转化率超过 30%。中科院上海高等研究院的科研人员创造性地采用 $In_2O_3/HZSM–5$ 双功能催化剂，使 CO_2 一步加氢、高选择性地合成液体燃料。以 CO_2 为原料合成高分子化合物是高分子化学的新成果。

利用 CO_2 制取可降解塑料，如中科院长春应化所研制的二氧化碳 – 环氧丙烷 – 环氧乙烷三元共聚物，在堆肥条件下，5 ～ 60 天内可完全分解；中科院广州化学所利用纳米技术高效催化二氧化碳合成的可降解塑料，二氧化碳含量可达 42% 左右，可用于饮料瓶、快餐饭盒等的处理。

二氧化碳不仅用于生产碳酸饮料，也用于生产 NH_4HCO_3、Na_2CO_3、$NaHCO_3$、$CO(NH_2)_2$ 及多种有机物。例如，侯氏制碱法中，CO_2 就是一种重要的反应物：

$$NH_3 + H_2O + CO_2 + NaCl \longrightarrow NH_4Cl + NaHCO_3$$

$$2NaHCO_3 \stackrel{\triangle}{=\!=\!=} Na_2CO_3 + H_2O + CO_2 \uparrow$$

CO_2 是绿色植物光合作用必需的物质，模拟绿色植物的光合作用，利用太

❶ 张宇，岑竞鹤，熊文芳，等 . 化学进展，2018，30（5）：547-563.
❷ 杨梦茹，李华静，罗宁丹，等 . 化学进展，2019，31（2/3）：245-257.

阳能将大气中的 CO_2 转化为有机化合物，有利于实现太阳能利用、粮食工业化生产以及二氧化碳资源化。这个极为有意义的工作有待有志青年突破性的创新研究。

干冰（固态 CO_2）用作冷冻剂，用于食品的保鲜、人工降雨等。CO_2 是较为重要的灭火剂之一。

二氧化碳在温度稍高于 31℃、压力稍大于 7.376MPa 的条件下处于超临界状态，可溶解多种物质，用于萃取多种植物中的有效成分。如从辣椒中提取辣椒红色素，从米糠中提取米糠油，从茶叶中提取茶多酚，从紫衫中提取紫衫醇，从人参中提取人参素，从大蒜中提取大蒜素，等等。

扩展
阅读

氧气不足条件下，碳的不完全燃烧就会产生 CO 气体。这种气体无色无味、比空气略轻，一旦到达肺部，就会进入血液循环，破坏氧气向全身的输送。CO 之所以会使人中毒死亡是由于其与输送氧气的血红蛋白的结合能力要比氧气大 200～300 倍，而结合后生成的碳氧血红蛋白的解离能力又比氧合血红蛋白缓慢约 3600 倍。因此当 CO 进入肺部后会抢先与血红蛋白结合，使血红蛋白丧失运输 O_2 的能力，造成人体内器官缺氧。人体急性缺氧会导致出现头晕、头痛、恶心等症状，严重时会使组织受损、甚至窒息死亡。

由于人们的感官不能感知 CO 的存在，所以 CO 又被称为"寂静杀手"。过去在一些北方地区，冬季取暖做饭主要采用燃煤，夜晚取暖煤炉烟囱处理不当，就有可能造成 CO 中毒死亡。一些老式燃气热水器安装及使用不当时，也可能造成 CO 中毒事故。在极端情况下，例如在封闭空间里呼吸汽车尾气或炭火等不完全燃烧产生的 CO，也可能是致命的。

CO 具有可燃性，火焰呈蓝色：

$$2CO + O_2 \xrightarrow{\text{点燃}} 2CO_2$$

CO 还是一种常见的还原剂：

$$CO + CuO \xrightarrow{\text{加热}} Cu + CO_2$$

CO 的配合能力极强，除了能够竞争与血红蛋白的结合外，还可以形成大量金属羰基化合物，如 $Ni(CO)_4$、$Fe(CO)_5$、$Co_2(CO)_8$ 等。

使 CO_2 通过炽热的炭层，可以形成 CO：

$$CO_2 + C \xrightarrow{\text{高温}} 2CO$$

工业上制取 CO 主要采取水煤气的方法，就是将水蒸气与红热的焦炭进行反应：

$$H_2O + C \xrightarrow{\text{高温}} CO + H_2$$

一氧化氮

NO 是具有顺磁性的极性分子，是哺乳动物大脑中重要的生物信息分子，通过与金属蛋白质中的金属离子受体成键来发挥作用。1998 年的诺贝尔生理学 - 医学奖被授予罗伯特·佛契哥特、费瑞·慕拉德、路伊格纳洛三位科学家，因为他们发现了 NO 是心血管系统中传递信息的分子 [1]。

一氧化氮的制备

氧气和氮气通过放电反应，生成 NO：

$$N_2 + O_2 \xrightarrow{\text{电火花}} 2NO$$

工业上制备 NO 曾采用 N_2 与 O_2 混合气体通过电弧在 4000℃下完成。当闪电时，空气中有部分 N_2 和 O_2 合成了 NO，随之氧化生成 NO_2，转化为 HNO_3，随雨水降至地面为植物所利用，是土壤氮的重要来源，亦是自然界固氮的一种方法。

N_2O 与氧原子反应同样生成 NO，而 N_2O 是在土壤和海洋中由微生物产生的，并逐渐迁移到平流层里。

在钯、铂或铂铑催化剂存在的条件下，氨与氧气反应，同样可制得 NO，

---

[1] Lim M H，Xu D，Lippard S J. Nature Chem Biol, 2006, 2: 375.

是工业生产硝酸的重要方法：

$$4NH_3 + 5O_2 \xrightarrow[\text{Pt-Rh 催化剂}]{900℃、200atm❶} 6H_2O + 4NO$$

实验室制备 NO，通常用铜和稀硝酸反应来制备一氧化氮，这是 1772 年普列斯特里使用过的方法：

$$3Cu + 8HNO_3（稀）=== 3Cu（NO_3）_2 + 2NO\uparrow + 4H_2O$$

这种方法制备的一氧化氮可能含有少量的二氧化氮及氮气。在硝酸浓度和反应温度均较低条件下，反应生成的气体中氮气含量会比较低。如用铜和稀硝酸在其凝固点之上（维持溶液不凝固）进行反应，反应生成的气体几乎为纯的一氧化氮。

采用亚硝酸钠和稀硫酸在启普发生器中反应，是实验室制备 NO 最为常用的方法：

$$6NaNO_2 + 3H_2SO_4（稀）=== 3Na_2SO_4 + 2H_2O + 4NO\uparrow + 2HNO_3$$

$$3NaNO_2 + H_2SO_4（稀）=== 2NO\uparrow + NaNO_3 + Na_2SO_4 + H_2O$$

气体收集采用排水法进行，所得 NO 气体经碱洗、分离、精制等，纯度可达 99.5%。

少量演示用 NO 的制备，也可以采用加热亚硝酸钾、硝酸钾及 Cr_2O_3 固体混合物的方法达成：

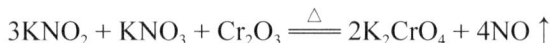

$$3KNO_2 + KNO_3 + Cr_2O_3 \xrightarrow{\triangle} 2K_2CrO_4 + 4NO\uparrow$$

实际上，加热分解亚硝酸或亚硝酸盐，也可得到一氧化氮产品：

$$3HNO_2 \xrightarrow{\triangle} 2NO + H_2O + HNO_3$$

一氧化氮的性质

一氧化氮（NO）分子为奇电子分子，多数奇电子分子都有颜色（如黄色气体 ClO_2、红棕色 NO_2），然而 NO 仅在液态或固态时才呈蓝色。NO 分子在固态时会缔合成松弛的双聚分子（N_2O_2）。

---

❶ 1atm=101.325kPa

NO 在常温下是一种无色无味难溶于水的有毒气体。常温条件下 NO 很容易氧化为红棕色、有刺激性气味的有毒气体——角型分子二氧化氮（NO_2）：

$$2NO + O_2 \xrightarrow{\quad\quad} 2NO_2$$

若将 NO 与 O_2 的氧化反应在有水参与的条件下进行，则生成硝酸：

$$4NO + 3O_2 + 2H_2O \xrightarrow{\quad\quad} 4HNO_3$$

一氧化氮稳定性较差，一氧化氮压缩气体或液态一氧化氮会缓慢地发生歧化反应：

$$4NO \xrightarrow{\quad\quad} N_2O_3 + N_2O$$

另外一氧化氮在碱性水溶液中也可发生歧化反应：

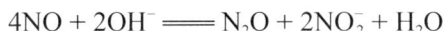

$$4NO + 2OH^- \xrightarrow{\quad\quad} N_2O + 2NO_2^- + H_2O$$

一氧化氮加热至 520℃ 以上时，发生热分解反应：

$$4NO \xrightarrow{>520℃} 2N_2O + O_2$$

由于 NO 中氮的氧化数可以升高或降低，因此 NO 具有特征的氧化性及还原性。如一氧化氮与氨在高温条件下可缓慢发生反应，它们的混合物如遇电火花会发生爆炸性反应：

$$6NO + 4NH_3 \xrightarrow{\quad\quad} 6H_2O + 5N_2$$

特定温度范围内，NO 与氨和氧气发生如下的反应：

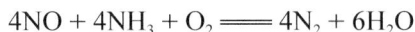

$$4NO + 4NH_3 + O_2 \xrightarrow{\quad\quad} 4N_2 + 6H_2O$$

氮氧化物废气治理技术中广泛应用的选择性催化还原法去除烟气中的 NO_x 就是依据上述反应进行的。

高温条件下，NO 可以助燃碳、磷以及含碳的有机化合物的燃烧反应：

$$P_4 + 10NO \xrightarrow{\quad\quad} 2P_2O_5 + 5N_2$$

酸性介质中，NO 与高锰酸盐反应，NO 被定量转化为硝酸根离子，可用于定量测定 NO 的含量。

$$5NO + 3MnO_4^- + 4H^+ \xrightarrow{\quad\quad} 5NO_3^- + 3Mn^{2+} + 2H_2O$$

NO 与卤素反应，生成卤化亚硝酰（NOX）。例如 $2NO + Cl_2 \xrightarrow{\quad\quad} 2NOCl$

NO 与过氧化钠反应，生成亚硝酸钠：$Na_2O_2 + 2NO \xrightarrow{\quad\quad} 2NaNO_2$

一氧化氮的应用

含有硝酸甘油 $[C_3H_5(ONO_2)_3]$、硝普钠 $\{Na_2[Fe(CN)_5(NO)]\cdot 2H_2O\}$ 的药物可以治疗心绞痛、心肌梗死等血管病。这是通过药物与体内半胱氨酸或 $N-$ 乙酰基半胱氨酸及谷胱甘肽等分子中的 $-SH$ 基团反应，产生一种不稳定的 $S-$ 亚硝基硫醇，它能分解释放 NO，以补充内源性 NO 的不足。NO 可使平滑肌松弛，起到扩张血管的作用。

NO 具有免疫调节、神经传递、血压生理调控和血小板凝聚的抑制等生理功能。NO 能杀灭人体不需要的细胞和细菌，胰岛素、泌乳激素和儿茶酚胺的分泌异常及其他许多疾病，包括基因突变（癌变、动脉硬化等）和生物机体中毒等，可能都是 NO 的释放或调节的不正常而引起的。人的高血压、心脏病和 ED（男性性功能障碍症）都与血管内皮细胞产生 NO 不足有关，这为治疗和缓解这些疾病，指明了方向。

NO 不仅是工业生产硝酸重要的中间体，而且也是半导体生产中氧化、化学气相沉积工艺不可缺少的原料之一。

汽车及飞机排出的废气中的 NO 在空气中转变为 NO_2，在阳光照射下，NO_2 再分解为 NO 和 O，在对流层中与烯烃、醛类、CO、CH_4 等反应，形成蓝色烟雾，称为光化学烟雾。处于平流层的 NO 能与 O_3 作用生成 NO_2 和 O_2，破坏臭氧层。

小贴士

"笑气"是什么？

"笑气"是一氧化二氮（N_2O）气体的一种代称，最早是由戴维首先制备的。由于人吸入这种气体后会不由自主地大笑，因此被取名"笑气"。N_2O 可通过加热硝酸铵来制备：$NH_4NO_3 \xrightarrow{\triangle} 2H_2O + N_2O$。

N_2O 镇痛效果很强，而且诱导期和苏醒期都快，这是因为吸入 N_2O 会减弱意识，降低对疼痛的敏感。N_2O 曾在小手术和牙科中被用作麻醉剂，现已被更有效和副作用更少的麻醉剂所代替。一些青年人以吸食"笑气"为时髦，殊不知"笑气"的成瘾性和后遗症不可忽视，直接吸食 N_2O 的副作用很大，长期吸食会对人体的神经系统造成不可逆的损害，甚至猝死。

氨气（NH$_3$）

自然界大多数植物生长都需要氮的参与，提高粮食产量更是需要氮肥。氨是易被植物吸收的养料。1784 年，法国化学家贝托雷确定了氨由氮和氢组成：N$_2$ + 3H$_2$ === 2NH$_3$。这是一个极为简单的反应，却难倒了众多的科学家，从第一次实验室研究到最终成功实现工业生产，经历了约 150 年的艰难探索。

在围绕着地球的空气中，氮气体积约占 78%。如何使极为稳定的氮气分子变得活泼些，能够转化为被植物吸收的氮肥？德国科学家哈伯在实验室确定了氢气和氮气在 20MPa 和 600℃进行反应，以非结晶态锇为催化剂，可以生成氨气。

实现合成氨的工业化，必须找到高效廉价催化剂和方便易得的氢气、氮气并建造高温高压生产装置。

巴斯夫的总化学师米塔奇承担了催化剂的探索工作，最终发现在磁性氧化铁中加入 2% ～ 6% 氧化铝及 0.2% ～ 0.6% 钾的复合催化剂特别有效，反应温度约 550℃，反应压力 18.7MPa。

巴斯夫的工程师博施承担了对于制造高温高压装置的任务，经过艰辛的探索，终于在 1913 年 9 月建成一个日产 30 吨合成氨的工厂并投产。合成氨成了工业上实现高压催化反应的一座里程碑，加速了世界农业的发展，哈伯因此获得 1918 年的诺贝尔化学奖，博施获得 1931 年的诺贝尔化学奖。

氨气的性质

氨气（NH$_3$）为无色、有刺激性气味、密度小于空气的一种气体，氨气极易溶于水（且快），常温条件下，1 体积水大约溶解 700 体积氨气。利用该性质进行喷泉实验。

NH$_3$ 分子构型为三角锥形，有一对孤对电子，为路易斯碱，可与银离子、铜离子分别形成配位数 2、4 的配合物。NH$_3$ 可与无水氯化钙形成 [Ca(NH$_3$)$_8$]Cl$_2$，故不能用氯化钙干燥氨气。

NH$_3$ 溶解于水后被称为氨水，由于部分氨水的离解反应而产生一定量的 OH$^-$，故氨水显碱性：

$$NH_3 + H_2O \rightleftharpoons NH_3 \cdot H_2O \rightleftharpoons NH_4^+ + OH^-$$

氨水很不稳定，会分解放出 NH_3，受热后分解速度更快：

$$NH_3 \cdot H_2O \xrightarrow{\triangle} NH_3 \uparrow + H_2O$$

氨可被氧气氧化，在纯氧中燃烧产物为氮气和水：

$$4NH_3 + 3O_2 \xrightarrow{点燃} 2N_2 + 6H_2O$$

高温高压及催化剂存在条件下，NH_3 被氧化生成一氧化氮，它是工业制备硝酸的重要步骤之一。

氨溶于酸，生成铵盐，是农业生产中重要氮肥的资源。

$$NH_3 + H_2O + CO_2 \rightleftharpoons NH_4HCO_3$$

剧毒的 HCN 也可能是碳与氨气反应生成的：

$$C + NH_3 \xrightarrow{\triangle} HCN + H_2$$

氨气的制备

实验室，常用铵盐与碱作用或利用氮化物易水解的特性制备氨气：

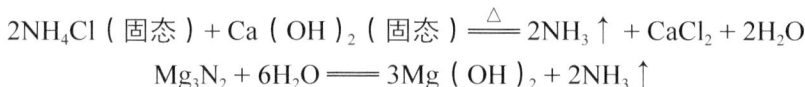

$$2NH_4Cl（固态）+ Ca(OH)_2（固态）\xrightarrow{\triangle} 2NH_3 \uparrow + CaCl_2 + 2H_2O$$

$$Mg_3N_2 + 6H_2O \longrightarrow 3Mg(OH)_2 + 2NH_3 \uparrow$$

用浓氨水加固体NaOH(或加热浓氨水)，是实验室快速制备氨气的一种方法：

$$NH_3 \cdot H_2O（浓）\xrightarrow{NaOH, \triangle} NH_3 \uparrow + H_2O$$

氨的工业制备方法是以哈伯法将 N_2 和 H_2 在高温高压和催化剂存在下直接化合：

$$N_2 + 3H_2 \xrightarrow[催化剂]{高温，高压} 2NH_3$$

氨气的应用

氨是制造其他大部分氮化合物的原料，是植物生长所需氮的有效供给源，为提高粮食产量奠定了坚实的基础。合成氨的工业化，促进了硝酸的生产，而硝酸是生产硝酸盐、肥料、染料和炸药的重要原料。

此外，液氨还常用作制冷剂。

甲烷（CH$_4$）

碳与氢形成的最简单有机化合物是甲烷（CH$_4$），分子结构为正四面体。天然气和沼气中，CH$_4$含量大，开采工艺成熟，生产、运输成本低廉。

甲烷的性质

甲烷（沸点 $-161℃$）是最简单的有机物分子，无色、无味、无毒，具有可燃性，而且燃烧值非常高，燃烧产物是水和CO$_2$，是很好的洁净气体燃料。甲烷的爆炸极限为 5.0% ～ 15.0%（体积分数）。

通常情况下，甲烷比较稳定，与强酸、强碱或高锰酸钾等强氧化剂均不发生化学反应。但是在特定条件下，甲烷也会发生某些化学反应。例如甲烷的卤化反应：

$$CH_4 + Cl_2 \xrightarrow{\text{光照}} CH_3Cl（气体）+ HCl$$
$$CH_3Cl + Cl_2 \xrightarrow{\text{光照}} CH_2Cl_2（油状物）+ HCl$$
$$CH_2Cl_2 + Cl_2 \xrightarrow{\text{光照}} CHCl_3（油状物）+ HCl$$
$$CHCl_3 + Cl_2 \xrightarrow{\text{光照}} CCl_4（油状物）+ HCl$$

在甲烷的卤代反应中，氟化反应过于剧烈，得不到氟代产物；碘化反应需要较高的活化能，反应较为苛刻，因此这类取代反应主要是氯化反应和溴化反应。

甲烷最基本的氧化反应就是燃烧：

$$CH_4 + 2O_2 \xrightarrow{\text{点燃}} CO_2 + 2H_2O$$

在隔绝空气并加热至 1000℃ 的条件下，甲烷可分解生成炭黑和氢气：

$$CH_4 \xrightarrow{\text{高温}} C + 2H_2$$

甲烷与水蒸气在催化剂作用下发生裂解反应：

$$CH_4 + H_2O \xrightarrow{\text{催化剂}} CO + 3H_2$$

甲烷不但能够氧化制取甲醇，而且甲烷氧化偶联可生产 C$_2$H$_4$/C$_2$H$_6$。例如：

$$2CH_4 +（1+y）Cl_2 \Longrightarrow（2y+2）HCl +（1-x）C_2H_6 + xC_2H_4 +（x-y）H_2$$

$$(x = 0\sim1,\ y = 0\sim1,\ x>y)$$

上海科技大学左智伟团队成功发展了一种廉价、高效的铈基催化剂和醇催化剂的协同催化体系，解决了利用光能在室温下把甲烷一步转化为液态产品的科学难题[1]。

甲烷可以形成笼状的水合物（天然气水合物，即可燃冰），甲烷分子被包裹在水分子构成的"笼"里。一定温度与压力条件下形成的天然气水合物（可燃冰）是甲烷分子"嵌入"水晶格的包覆结构，一般组成为 1mol 的甲烷"嵌入"5.75mol 的水的骨架结构中（46 个水分子包合 8 个 CH_4 分子），这样 $1m^3$ 可燃冰可转化成 $164m^3$ 的天然气和 $0.8m^3$ 的水。在寒冷气候条件下，甲烷水合物的生成曾是堵塞燃气管道的一个主要问题。

甲烷的制备

［工业制备方法］

煤矿中的瓦斯气，主要成分是甲烷。因此在煤矿开采煤的过程中，采取有效的技术将瓦斯气收集、输送出采煤作业区，一方面可消除瓦斯爆炸的潜在威胁，另一方面则可得到工业生产所需的原料。

对可燃冰开采的研发方案主要有三种：热解法、降解法和置换法。然而，由于可燃冰生成环境较为特殊，甲烷气体的温室效应约为 CO_2 的 20 倍，因此安全合理可行的可燃冰开采技术十分复杂。

煤是我国最主要的能源资源，除了直接燃烧发电或直接提供能量外，煤液化技术也已达到实用水平。其中煤的加氢液化可形成烃类液体燃料，控制反应温度、催化剂等条件，亦可得到 CH_4 气体：

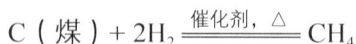

$$C（煤）+ 2H_2 \xrightarrow{催化剂,\ \triangle} CH_4$$

［实验室制备方法］

实验室可采用无水醋酸钠与碱石灰共热的方法制取甲烷：

$$CH_3COONa + NaOH \xrightarrow{CaO,\ \triangle} CH_4\uparrow + Na_2CO_3$$

[1] Hu A H, Guo J J, Pan H, Zuo Z W. Science, 2018, 361: 668.

将二氧化碳与氢在催化剂作用下，生成甲烷和氧，这是降低温室气体、变废为宝最为有益的研究之一：

$$CO_2 + 2H_2 \xrightarrow{\text{催化剂}} CH_4 + O_2$$

甲烷的应用

甲烷高温分解可得炭黑，用作颜料、油墨、油漆以及橡胶的添加剂等；甲烷可用于制备氯仿、CCl_4、甲醛等化工产品。

甲烷是一种很重要的燃料，是天然气的主要成分，约占87%。甲烷水合物在低温和高压条件下是稳定的，因此在海洋底部和永久冻土层中蕴藏着巨大的储量。瓦斯气体也是最具应用前景的一种能源。

中国南海海底探测发现存在裸露于海底的可燃冰（见图2-1，图2-2），这为商业开采利用这种新能源，奠定了坚实的基础。不过，它是怎么形成的？快速生成的天然气水合物并非单一的笼状结构，况且笼内嵌入的分子除甲烷外，也可能是乙烷、丙烷、甚至氮气等。

$$CH_4（气体）+ 2O_2（气体）== CO_2（气体）+ 2H_2O（气体）\quad Q = 802.3\text{kJ/mol}$$

沼泽地里形成的一种可燃性气体，主要成分是甲烷（50% ~ 70%）和CO_2（30 ~ 40%）。人们根据类似原理建立了沼气池，用于照明、取暖、做饭等。沼气的燃烧值很高，每立方米沼气燃烧值相当于0.69立方米天然气的燃烧值。

图2-1 可燃冰的燃烧

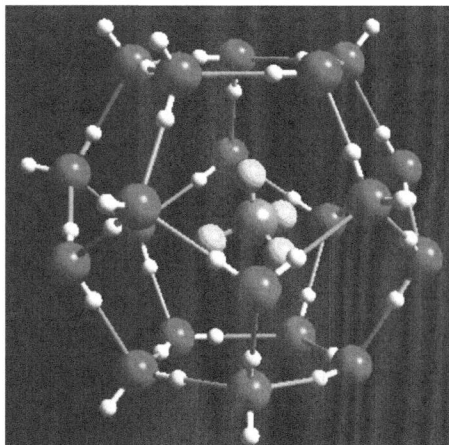

图2-2 可燃冰笼型结构模型

天然气是蕴藏在地层内的可燃性气体，主要成分是甲烷及少量乙烷（沸点 -89℃）等。典型天然气的组成为：87% ~ 96% 甲烷，2% ~ 6% 乙烷。另有少量丙烷、丁烷，一般还有少量的 H_2S、CO_2、水汽及微量的稀有气体等。全球天然气探明储量达到 186.9 万亿立方米，俄罗斯、伊朗和卡塔尔三个国家的天然气储量就占了全球储量的半壁江山。天然气可以压缩冷却成液化天然气，$1m^3$ 液化天然气可汽化成 $625m^3$ 天然气。整个南海盆地群石油地质资源量在 230 ~ 300 亿吨，天然气总地质资源量约为 10 万亿立方米，占我国油气总资源量的三分之一。

小知识

为保障使用安全，家用天然气中添加有少量的甲硫醇、乙硫醇或四氢噻吩等，利用其特殊的气味便于泄漏检测，警示是否有泄漏。液化石油气的主要成分是丙烷（$CH_3CH_2CH_3$，熔点 -187.6℃，沸点 -42.1℃），它比空气重。为防止液化气泄漏而察觉不到，液化气中人为加入了气味很臭的乙硫醇。丁烷（C_4H_{10}，熔点 0℃）和戊烷（C_5H_{12}，熔点 36℃）等为杂质气体，一般在冬季气温较低条件下，挥发性低，是造成液化气钢瓶中残留量的主要物质。

稀有气体

惰性物质：是指化学性质很稳定、很难进行化学反应的物质。例如稀有气体曾被认为是惰性气体，金为惰性贵金属。

周期表中第 18 族元素（氦、氖、氩、氪、氙、氡）由于极为稳定且早期被认为含量低而被称为稀有气体。实际上，氩气在大气中的含量并不低，大气中的氩气是除氮气和氧气外含量远高于 CO_2 等气体的大气组成。

橙黄色固体 $XePtF_6$ 是第一个被合成出来的、含有化学键的稀有气体化合物，它是英国青年化学家巴特莱特在加拿大工作期间于 1962 年完成的。这项工作宣告第 18 族元素并非"惰性元素"，大量的 18 族元素化合物随后被合成出来，如无色的单斜晶体 XeF_4 等。

氦的发现源于光谱法对太阳光谱所进行的摄谱分析，一条黄线是过去从未知道的，研究者认为它可能是太阳所特有的，故以 Helium（取自希腊文太阳一词）为之命名。后来在维苏威火山熔岩及稀土矿中也发现了它的踪迹。埋藏于地球壳层内部的天然气中可能含有数量可观的氦。

氦（He）为单原子分子，密度小且十分稳定，可用于填充气球和小型飞船，也可用作气相色谱的惰性载气。液氦无色并且温度很低，可被用于宇宙火箭中，保持火箭燃料的稳定。

深海潜水者呼吸的一种人工气体混合物就是由氦和氧组成的。在海水中下潜时氮气会溶入潜水者的血液中，当潜水者从深水处浮出，随着压力的减小，氮气会从血液中逸出，在血液中形成气泡。氮气泡的形成会引起令人疼痛、有时甚至致命的疾病，即潜水病。氦气的可溶性低，降低了这种危险的可能性。

氖（Ne），充填氖气的灯管，能够发出明亮的红橙色光。

氩（Argon，取自希腊文懒惰一词）在空气中的含量将近 1%。商业氩是液氧和液氮生产中的副产品，因此价格相对便宜。氩常用作焊接或切割金属保护气体。

氙（Xe）被用于制造闪光灯，也可作为麻醉剂，因为氙能溶解在神经周围的绝缘性脂膜中，引起细胞麻醉和膨胀。

氡（Rn）是世界上最重的气体，比氢气重 111.5 倍，密度约为 11.005g/L，具有放射性，是已公布的 19 种致癌物之一。室内装修使用的大理石等无机建材有可能产生氡，长期吸入高浓度氡会对呼吸系统造成辐射损伤，最终可诱发肺癌。氡的放射性还被医院用来治疗癌症。

稀有气体在辉光放电的灯具中大量使用，如各种霓虹灯标志中。表 2-3 列出了在霓虹灯中所使用气体的一些数据。

表 2-3　霓虹灯中的气体性质

气体混合物	压强/kPa	霓虹灯颜色	玻璃颜色
氦气	0.40～0.53	白色	纯色
氦气	0.40～0.53	黄色	琥珀色
氖气-氩气-水银	1.33～2.67	浅绿色	绿色
氖气-氩气-水银	1.33～2.67	深绿色	琥珀色
氖气-氩气-水银	1.33～2.67	浅蓝色	纯色
氖气-氩气-水银	1.33～2.67	深蓝色	紫色
氖气	1.33～2.40	红色	纯色
氖气	1.33～2.40	深红色	红色

生活中的有毒气体

有毒气体分为自然界产生（如 CO、H_2S 等）和人工合成（如芥子气、$COCl_2$ 等）两大类，主要通过呼吸道进入体内导致中毒，或直接对呼吸道、皮肤、黏膜产生刺激腐蚀作用。毒气危害生物的方式可细分为神经性（如沙林、梭曼）、糜烂性（如芥子气）、窒息性（如光气、氯气）、全身中毒（如 HCN）、失能性（如毕兹）等。

人们在日常生活中能够接触到大量的有毒气体，如 H_2S、CO、氨气、SO_2、甲烷、甲醛、苯及相关衍生物、HCN、氡气、氯气、光气、二噁英等。防护毒气最好方法是远离毒源。如要接触大量有毒气体，需要使用防毒面罩，如装有活性炭的过滤式面罩，或者隔离式防毒面罩。室内经常通风换气也是消除有毒气体影响的有效措施。

氡气是从放射性元素镭衰变而来的一种放射性稀有气体，是引起肺癌、白血病等的祸首之一，主要来源于室内装修所用不合格建材花岗岩、大理石等。室内常见的有毒气体是氨、甲醛、苯及相关衍生物等，多为衣柜、书柜、墙体等长期缓慢释放的有害毒气。装修选用环保、合格的建材十分重要。

二噁英被认为是人类创造出来的最毒的物质（95% 来自于城市垃圾焚烧），它的半致死量为 0.02mg/kg（鼠），其毒性达到砒霜的 900 倍，致癌性极强。二噁英并非是一种化学物质，它是指结构和性质都很相似的、包含众多同类物或异构体的两大类三环芳香族化合物——多氯代二苯并对二噁英（PCDDs）和多氯代二苯并呋喃（PCDFs）。其中，PCDDs 有 75 种化合物，PCDFs 有 135 种化合物。多氯联苯（PCBs）、氯代二苯醚、氯代萘，溴代（PBDD/Fs 和 PBBs）及其他混合卤代化合物也包括在内。少量二噁英一旦进入人体，易被脂肪组织吸收，体内的半衰期估计为 7～11 年。1976 年 7 月 10 日，意大利发生二噁英泻溢污染草地事故（塞韦索泻毒），宰杀受污家畜 7.7 万头。防治二噁英的生态危害首先是采用二级焚烧法消除垃圾焚烧过程可能产生的二噁英；其次是加强检测，切断食物链的输送风险；最后是加强生态建设，提高绿色生产的安全防范措施。

1952 年 12 月上旬发生的伦敦毒雾事件中，SO_2 是罪魁祸首，导致当月约 4000 人丧生。1986 年 8 月 21 日，喀麦隆尼奥斯湖底火山喷出纯 CO_2 气体，造成上千人窒息死亡的灾难。高楼火灾的死亡人员中，绝大多数是被毒气（CO、HCl、HCN）、毒烟窒息所致。煤矿瓦斯爆炸及城市污水管道沼气中毒是甲烷引发的灾难，实际工作中必须高度重视生产安全。

战争离不开化学，无论是古代冷兵器时代的刀枪、弓箭，还是近代的枪弹、炸弹、燃烧弹、凝固汽油弹，甚至是原子弹、化学武器等都应用了化学知识。其中，以有毒气体为主要组成的化学武器是最不人道的，禁止使用化学武器已成为各国共识。

氯气是氯碱工业的主要产品之一，是合成盐酸、含氯化合物的重要原料，也是最早应用于战争的化学毒气。第一次世界大战期间，德军于1915年4月22日首先向英法联军使用了氯气，造成5000人当场死亡，15000人出现了中毒症状的惨剧。光气（$COCl_2$）毒性比氯气强10倍，也是一战中使用过的化学武器。同时，光气还是合成尿素 [$CO(NH_2)_2$] 的原料，也是合成杀虫剂西维因等多种农药及化工产品的重要中间体之一。

齐克隆B主要成分为HCN，原为杀虫剂，但却成为了"二战"纳粹在集中营中屠杀战俘和犹太人的毒气之一。1984年印度博帕尔市发生的异氰酸甲酯（MIC）事故，是历史上最严重的的工业化学事故。由于氰化物的泄露，引发了严重的后果。原因就是MIC与水在热作用下会分解产生氢氰酸，导致空气中弥散着较高浓度的HCN气体。未经脱毒处理的苦杏仁含有苦杏仁苷，水解会释放出HCN，使人中毒，日常生活中要小心辨别，尽量不要食用。

日本侵华时期建立的"五一六"部队专事化学毒剂的生产与研制，战后遗留在中国陆地上的毒气弹不计其数，已发现有"黄1号"（芥子气）、"黄2号"（路易氏剂）、"红1号"（二苯氰砷）、"绿1号"（苯氯乙酮）、"青1号"（光气）、"茶1号"（氢氰酸）等，严重危害着当地人的生命安全及生态环境。

芥子气，分子式为 $S(CH_2CH_2Cl)_2$，有"毒剂之王"之称，"一战"期间有12000t用于实战。20世纪80年代发生的两伊战争中，因使用芥子气、塔崩、沙林等化学毒气而使约10万人中毒，可见其杀伤力极强，危害很大。日本的奥姆真理教于1995年3月20日在东京地铁投撒沙林毒剂，致13人死亡，5000余人受伤，这是一起严重的恐怖袭击事件。

神经毒剂中大部分并非真正意义上的气体，而是具有挥发性的液体有机磷化合物，如二甲胺氰磷酸乙酯（塔崩，tabun）、甲氟磷酸异丙酯（沙林，sarin）、甲氟磷酸异己酯（梭曼，soman）、环乙基氟磷酸甲酯（环沙林，cyclosarin）等。有机磷的急性毒性比有机氯强得多，研究的初衷是农业生产

的需求，因为有机磷农药可以用来攻击有害生物的神经系统。南开大学元素有机化学研究所是我国有机磷和有机农药研发的中心，众多品种的农药为我国的粮食生产安全提供了强有力的支撑。

利用好有毒气体，也可以为生产生活服务。如磷化铝遇潮湿或酸放出剧毒 PH_3 气体，可以毒死害虫，被用作谷仓杀虫的熏蒸剂。氯化苦（CCl_3NO_2）也是一种有警戒性的熏蒸剂，可以杀虫、杀菌、杀鼠等。

凡事皆具两面性，只有掌握全面的科学知识，才能趋利避害，造福人类社会。青年一代要奋起，敢于担当使命，勇于探索未知领域，开创化学研究新天地。

玫瑰和臭鼬

嗅觉是挥发性化学分子与鼻腔内嗅感受器相互作用的感官知觉。气味分子就是一些信使进入鼻腔，与嗅觉受体结合，产生一定的信号传至大脑中心而引发对气体的感觉。自然界十分奇妙，不同物种对于不同气味的感觉差异巨大。人类常讲香、臭有别，就是说一些分子非常好闻，也有一些不好闻的分子。人对食物的气味要比味道敏感几千倍，全部食品中发现的挥发性化合物已超过7100种，仅热加工食品咖啡中可能就含有800多种挥发性成分。茶香也是茶叶中的一类芳香混合物，约有700种。鲜茶叶中的芳香物质有100种左右，制成成茶之后茶香分子有200多种，红茶有400多种，乌龙茶更多。

香气是一种非常复杂的感觉，人的鼻腔内有一个嗅觉敏感区，其面积仅 $5cm^2$，约有 10^7 个细胞。当气态的分子作用于其上时，细胞上的香臭感受器（蛋白质分子）的构象发生变化，进而引起表面电位等发生变化，实现与刺激相适应的神经兴奋。在某些情况下，一丁点痕量物质就足以触动鼻腔嗅觉受体。

所有的气味分子一定是相当小并且简单的分子，因为一个分子要成为气味分子就一定是可挥发的。只有沸点较低，并具有一定可挥发性的分子，才能成为传递一些特殊信息的分子。例如，熟苹果的主要香气成分以酯类化合物为主。乙酸乙酯是一种挥发性的具有香味的物质，酒中所含乙酸乙酯是其芳香气味的主要来源。

信息素

对于昆虫，激素控制着它们的生活。蚕蛾使用桑蚕醇［$CH_3CH_2CH_2CH=CHCH=CH(CH_2)_9OH$］作为信息素，数百米即能嗅到其气味而被吸引过来。人们因此学会了利用昆虫信息素做诱饵来诱捕昆虫。

精油

香水、香薰蜡烛、线香等好闻的物体的香味都来自精油，精油大多萃取自花、种子、叶子、果实等植物部位。红没药烯是佛手柑、姜和柠檬精油香气的一部分，桉油精则是薰衣草、薄荷和桉树香气的一部分。与桉油精结构相似的樟脑存在于薰衣草、薄荷以及桉叶油中，是薰衣草精油和迷迭香精油的组分之一，樟脑是一种气味很大的固体，虽然它不是液体，但它会升华，因此能闻到极强的气味。薄荷脑具有特殊的浓烈薄荷气味。

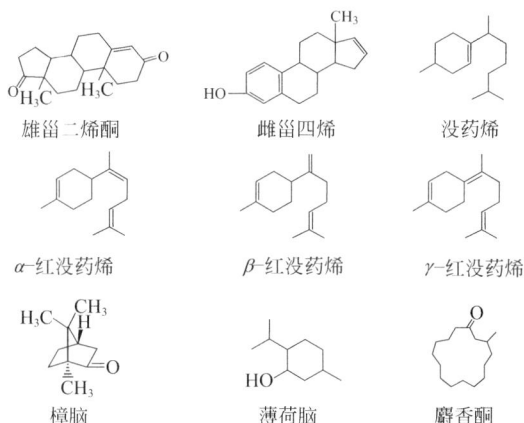

雄甾二烯酮　　雌甾四烯　　没药烯

α-红没药烯　　β-红没药烯　　γ-红没药烯

樟脑　　薄荷脑　　麝香酮

动物性天然香料

龙涎香醇提取自抹香鲸的呕吐物（龙涎香），龙涎香是抹香鲸的胃中产生的一种蜡状物质。经抹香鲸排出后又在海上漂浮了数年的龙涎香品质最高，龙涎香醇是许多最著名的经典香料的组成成分之一。

龙涎香醇（ambrein，分子式 $C_{30}H_{52}O$）是龙涎香的主要成分，被气味专家们描述为"极好的定香剂，具有高度持久性，并且能以独特的方式提升香水的前调"。

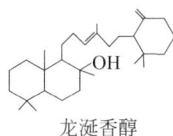

龙涎香醇

海狸香是海狸肛门腺产生的一种气味物质，被海狸用于标记自己的领地。麝香是麝香的主要香味成分。大环麝香的基本化学结构为 13 ～ 19 元环，至少含有一个官能团。固态时麝香发出恶臭，用水或酒精高度稀释后才散发独特的动物香气。

难闻的气味

硫化氢是臭鸡蛋和火山的气味。天然气中添加少量的乙硫醇，用于提示天然气是否有泄漏，因为人们能闻出浓度不到百亿分之五的乙硫醇。臭鼬所产生的恶臭气味源自一种硫醇化合物，口臭和腐烂的肉中所散发出的难闻气味，同样来自硫醇类化合物。大王花发出腐肉一般的臭味，这种臭味来自于硫醇。

洋葱和大蒜中含有蒜氨酸，当切洋葱片时，大量蒜氨酸就开始发生化学反应：蒜氨酸酶将蒜氨酸转化成次磺酸，次磺酸反过来再转化成硫代丙醛 –S– 氧化物，该物质刺激眼睛流泪。大蒜中含有抗氧化剂有机硫化物可以抑制肿瘤发展，但机制并不清楚。

为避免洋葱中催泪因子对眼睛的刺激，可将洋葱放冰箱冷藏几个小时；或将菜刀沾些水使用。

硫苷类物质存在于甘蓝、萝卜、芥菜、卷心菜等十字花科植物及葱、大蒜等植物中，是这些蔬菜辛味的主要成分。

异味指气味不好（难以接受），如尿味、汗味或动物膻味等。人能嗅到的恶臭物达 4000 多种，危害大的有几十种。4– 巯基 –4– 甲基 –2– 戊酮是猫尿味的化合物。粪便为什么有臭味？蛋白质分解所产生的色氨酸转化为粪臭素（3– 甲基吲哚），赖氨酸可转化为尸胺（1，5– 戊二胺），精氨酸可转化为腐胺（1，4– 丁二胺）。

扩展
阅读

如何除去臭味？大家知道，香味和臭味都是由各种物质表面散发出来的分子造成的，气味的去除可以采用物理方法、化学方法或生物方法等。用活性炭除味属于物理方法。采用酸中和碱产生的臭味或用碱中和酸产生的臭味属于化学方法。生物方法除臭是使用微生物破坏臭味分子，使其失去气味。采用产生香味的分子掩盖住不好闻的气味，则是一种遮盖方法。

趣味实验

趣味实验应在实验室中由老师指导完成，同学们在实验过程中要严格遵守实验操作规范，保证人身安全。

实验1　化学喷泉

一、实验药品及仪器

浓氨水、酚酞溶液；圆底烧瓶、烧杯、滴管、铁架台等。

喷泉实验装置示意图见图 2-3。将圆底烧瓶内装满气体（氨气或 HCl 等）并倒置，用带有玻璃导管和胶头滴管的塞子塞紧，通过玻璃管与盛有溶液的烧杯组成一个连通器。滴管内预先吸入能够溶解这种气体的溶剂。

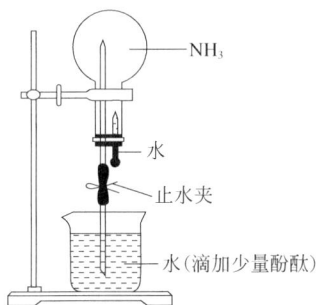

图2-3　喷泉实验装置示意图

二、实验操作

1. 按照实验装置要求，组装好实验所用仪器。经过认真的气密性检查无误后，方可进行后续实验操作。

2. 圆底烧瓶在进行实验操作前应加以干燥，然后将圆底烧瓶内装满气体（可直接加入适量浓氨水）并倒置，固定于铁架台上。

3. 用带有玻璃导管和胶头滴管的塞子塞紧，通过玻璃管与盛有溶液的烧杯组成一个连通器。

4. 滴管内预先吸入蒸馏水，挤压滴管的胶头，观察出现何种变化。

三、实验现象

可以看到大气压将烧杯中的溶液喷入烧瓶内，形成美丽的红色喷泉（见图 2-4）。

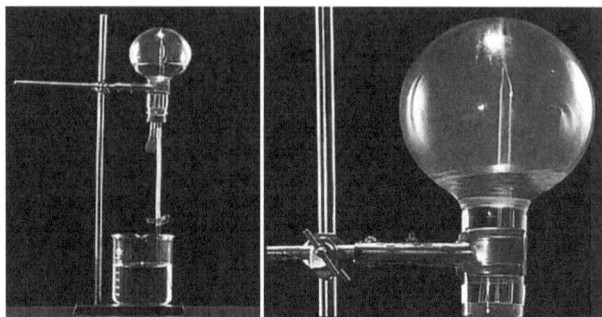

图2-4　实验现象示意图

四、实验原理

NH_3 极易溶于水，1 体积水可溶解 700 体积的 NH_3。因此充满氨气的圆底烧瓶内通过滴管胶头滴入少量的水后，一部分氨气溶于溶剂水中，使得圆底烧瓶内的气压显著降低。大气压使得烧杯中的溶液由玻璃管喷入烧瓶。由于氨溶于水呈碱性，加有酚酞的溶液便呈现出粉红色，即形成红色喷泉。

$$NH_3 + H_2O \rightleftharpoons NH_3 \cdot H_2O$$

五、实验提示

实验中使用的浓氨水有毒，对眼、鼻、皮肤有腐蚀性和刺激性。

扩展
阅读

大多数气体都可以找到能够溶解或与之反应的溶剂。根据氯气能够与氢氧化钠溶液反应的性质，也可以设计成喷泉实验：圆底烧瓶通过三根玻璃管与三个分别盛有硝酸银溶液、淀粉碘化钾溶液和溴化钠溶液的烧杯连通，滴管预先吸入氢氧化钠溶液。挤压滴管胶头，会形成白色、蓝色和棕色喷泉。

$Cl_2 + 2NaOH = NaCl + NaClO + H_2O$

$Cl_2 + AgNO_3 + H_2O = HNO_3 + HClO + AgCl \downarrow$（白色）

$Cl_2 + 2KI = 2KCl + I_2$（产物 I_2 遇淀粉显蓝色）

$Cl_2 + 2NaBr = 2NaCl + Br_2$（棕色）

实验2　会自己膨胀的气球

一、实验药品及器材

白醋、纯碱；小口径空矿泉水塑料瓶、气球、药品勺等（见图2-5）。

二、实验操作

1. 在小口径空矿泉水瓶中加入一些白醋。

2. 在一个气球中装入一些纯碱。

3. 将装有纯碱的气球套在矿泉水瓶口上，小心防止气球中的纯碱洒入瓶内。

4. 将气球内的纯碱洒入瓶内，观察实验现象。

三、实验现象

矿泉水瓶内有气泡产生，小气球迅速鼓起。同时用手触摸矿泉水瓶，能够感受到有一定的温度升高（见图2-6）。

图2-5　实验用品

图2-6　实验效果图

四、实验原理

纯碱（Na_2CO_3）与白醋（CH_3COOH）发生了化学反应，产生大量 CO_2 气体，使得气球膨胀起来。

$$2CH_3COOH + Na_2CO_3 \Longrightarrow 2CH_3COONa + CO_2\uparrow + H_2O$$

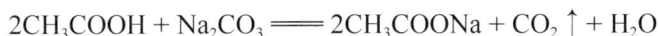

五、安全提示

纯碱和白醋的用量要适量，防止量大产生气体过多，导致气球或矿泉水瓶子被撑破或发生爆炸。另外，也可将纯碱装入矿泉水瓶中，气球中加入一定量的白醋。

实验3 "一柱擎天"实验

一、实验药品及器材

30% 双氧水（H_2O_2）、2mol/L HCl 溶液、碘化钾、淀粉、洗洁精、250mL 玻璃筒、空水槽等。

二、实验操作

1. 玻璃筒中依次加入 2mL 洗洁精、2mL 淀粉溶液和 30% 的双氧水 30 ~ 50mL。加入 2mL 2mol/L 的 HCl 溶液。

2. 将玻璃筒放在空水槽中，小心加入 10g 研碎的 KI 粉末后立刻离开。

三、实验现象

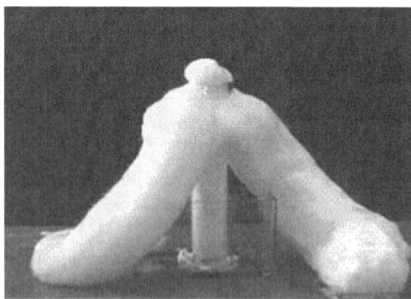

图2-7 实验效果图

首先看到大量蓝色泡沫冲出，然后会有白色泡沫迅速地从玻璃筒口逸出，进而盘旋起来，并有大量的水蒸气冒出。用手触摸玻璃筒，感觉比较烫。将玻璃筒倒置后可以发现玻璃筒内没有液体了（见图 2-7）。

四、实验原理

H_2O_2 具有氧化性和还原性，将其与具有还原性的 KI 进行反应。H_2O_2 不稳定，易歧化分解，尤其是在 Mn^{2+}、MnO_2、I_2 等催化剂作用下，分解速度加剧，产生大量 O_2。

$$H_2O_2 + 2KI + 2HCl \rule[0.5ex]{1.5em}{0.4pt} I_2 + 2H_2O + 2KCl$$

$$2H_2O_2 \xrightarrow{I_2} 2H_2O + O_2 \uparrow$$

火

　　火是人类文明进步的重要标志。火的使用结束了人类"茹毛饮血"的时代，火被用来加工食物、制造颜色、生产和改良工具等。掌握了用火的技术也就意味着人类可以控制物质的化学反应，例如，人类在用火的过程中，逐渐掌握了制陶技艺，也掌握了冶炼金属的技术。陶器、铜、铁及合金等的使用，不仅改变了原始人类的生存条件，而且极大地提升了生产力。火是人类智慧产生的原动力，是人与动物相分离的重要标志。但火也是很多灾难的根源，火灾不但造成财产的损失，也可造成生命的消失。

火的起源

　　远古人获得火种极有可能是雷电山火或火山爆发引燃枯树等。由于火不仅用途广泛且威力巨大，如何获取火种就是一件极为重要的事情。经过长期的摸索与实践，古人学会了摩擦生火的技能。大约在公元前 3500 年～公元前 2000 年的铜石并用时期，铜镜的出现导致了另一种取火方法成为可能，这就是利用铜镜（凹面镜）向太阳取火的"阳燧见日则燃而为火"。铁器时代，金属与石块相击得到火星而点燃易燃物成为取火的主要方法，它充分展示了"星星之火，可以燎原"（见图 3-1）。

图3-1　火焰

如何制备一种携带方便、易于取火的工具？

　　利用放大镜（凸透镜）透过阳光聚焦照射易燃的引火物得到火种，在 20 世纪 60 年代一些老人抽旱烟时，就采用凸透镜点火的方法（见图 3-2）。

图3-2　凸透镜点火图

　　脱脂棉的着火点只有156℃左右，极易被点燃（见图3-3）。几乎所有气体压缩时都会变热，压缩得越厉害、速度越快，气体就变得越热，乃至热到足以点燃脱脂棉或其他可燃物。将脱脂棉放在密封好的活塞中，压动活塞，可以点燃脱脂棉。这种方法制备的点火筒携带方便，可用于点燃篝火或野外生存需求，东南亚人使用这种工具始自史前时代，较为久远。

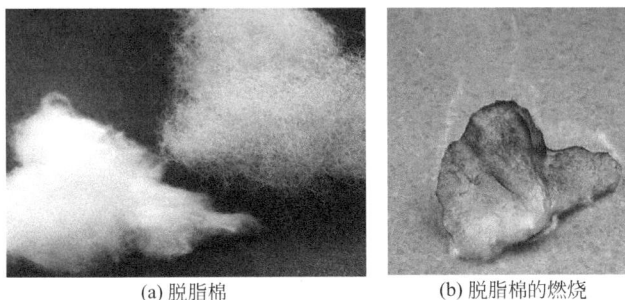

(a) 脱脂棉　　　　　　　　　(b) 脱脂棉的燃烧

图3-3　脱脂棉和脱脂棉燃烧图

燃烧

可燃物：可以燃烧的物质，凡是能与空气中的氧或其他氧化剂起燃烧化学

反应的物质称为可燃物。

助燃剂：凡是有助于可燃物发生氧化反应并引起燃烧的物质，均可称为助燃剂。

闪点：可燃烧液体表面上的蒸气和空气的混合物与火接触而初次发出闪光的温度，能被点燃，但不能维持燃烧。闪点比着火点的温度低些，往往低于沸点，自燃点一般高于沸点。

着火点：物质开始着火时的温度，常指试样挥发的物质能被点燃，并能维持燃烧超过 5s 的温度。白磷的着火点只有 40℃。许多物质的着火点是不固定的，它与物质的分散程度关系很大，分散程度大，表面积大，着火点低。

爆炸极限：一种可燃性气体、蒸气或粉末和空气的混合物能发生爆炸的浓度范围。爆炸是指物质发生的变化不断急剧增速并在极短时间内放出大量能量的现象。

可燃物按其物理状态分为气体可燃物、液体可燃物和固体可燃物 3 种类别。按照类型分，则有化石燃料、生物质燃料和核燃料 3 类。若根据来源划分，则有天然燃料、人造燃料或合成燃料等。

燃烧的条件

拉瓦锡通过实验提出了燃烧的氧化学说，燃烧是指有氧参与的、伴有发光发热的、剧烈的化学反应。或者说，燃烧是一种可燃物与氧气（或其他氧化剂）快速化合，释放光和热，并经常伴随出现火焰。

燃烧需要三个条件：**可燃物**，**氧气**或其他**助燃剂**的存在，达到燃烧所需要的最低**温度**。燃烧的剧烈程度与可燃物的性质、可燃物与氧气接触面积的大小、氧气的浓度等因素有关。

面粉也会爆炸？

可燃物可以通过增加表面积从而扩大与氧气的接触来燃烧得更旺、更快。面粉和糖这类物质以大块形式存在时基本上烧不起来，但呈粉尘状时会爆炸。2008 年 2 月 7 日，美国佐治亚州温特沃斯港的帝国糖业公司，由于厂房工作区域集聚的高浓度糖尘遇热源发生爆炸，造成 8 人当场死亡，6 人送医院后救治无效死亡，数十人受伤。

铁块和铁丝，哪个更容易燃烧？

金属在适当的条件下也能燃烧，铁丝或铁块不易被点燃，但是非常细的铁丝绒在挂起来后能够很容易被一个打火机点着。铁锅或铁片不会燃烧是因为较大的块头使其表面的温度远低于它的着火点，不能发生快速的氧化反应。往火焰上撒一些细腻的铁粉，则还原铁粉可以燃烧。

火柴不能将铁钉或较厚的铁块点燃，因为它们导热太快而达不到金属的燃点。但一根火柴就能够将钢丝棉（极细的钢丝）点燃，因为钢丝棉中的铁被大量氧所包围，所以它热得要比一块铁快得多。当钢丝棉被快速氧化时，非常细的钢丝氧化所产生的热量无处释放，它能迅速达到金属的燃点以维持连续的化学反应，燃烧可以沿着金属丝快速蔓延开。在空中快速挥舞阴燃的钢丝棉时，进入钢丝棉的氧气量显著增加，导致燃烧变得异常的猛烈（见图3-4）。

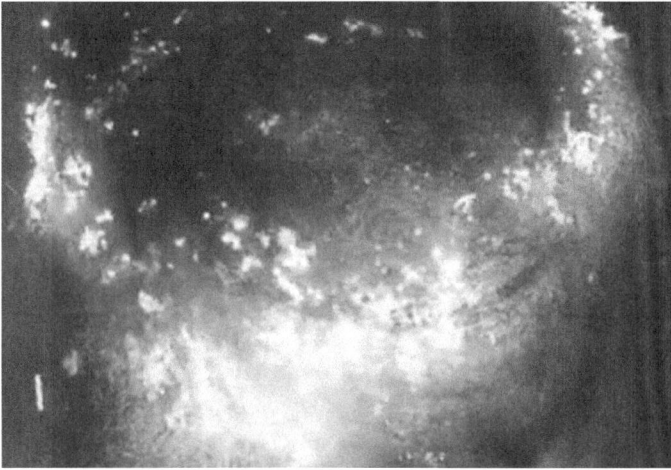

图3-4　钢丝棉点燃图

铝箔由于耐高温而成为良好的食物包装材料，而铝粉却可以一点燃即爆炸，用作火箭燃料。

真假蚕丝，火知道

植物纤维，如棉花和木质纤维，它们被点燃之后都不会有任何熔化的迹象，而是慢慢地烧成灰烬。麻、椰子里的纤维等，燃烧情况类似于木头。真丝是由天然的蛋白质组成的纤维，在燃烧时会熔化一点儿，但绝大部分都会变成一种黑色焦炭的残渣。头发和皮毛的燃烧情况类似于蚕丝。大多数人工合成的纤维，它们遇火会熔化并形成球状，进而变成一滴熔化的塑料、一个小火球而落在地上，完全燃烧后什么也不会剩下。因此，可以利用火对真丝或人造丝进行辨别（见图3-5）。

(a) 真丝　　　　　　　　(b) 人造丝

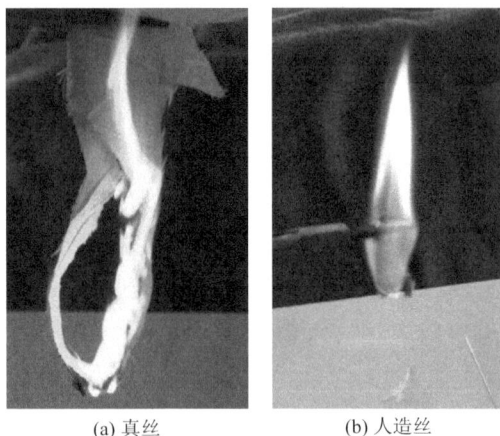

图3-5　真丝与人造丝点燃图

蜡烛的燃烧

固体物质在燃烧时，靠近接触火焰的一部分首先发生气化，气化物质与氧气结合才产生燃烧现象。例如，蜡烛燃烧一小段时间后熄灭，烛芯会冒出一股白色烟雾，明火靠近烟雾，立刻形成火焰，说明蒸腾的蒸气是可燃的（见图 3-6 ）。

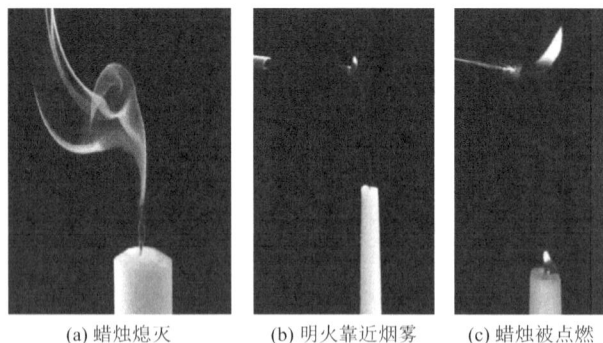

(a) 蜡烛熄灭　　　　(b) 明火靠近烟雾　　　(c) 蜡烛被点燃

图3-6　明火点燃蜡烛烟雾图

蜡的主要成分是硬脂酸［ $CH_3(CH_2)_{16}COOH$ ］与蜜蜡的混合物。蜡被火焰的热熔化，烛心由毛细管的作用流向上方被蒸发，在火焰发暗的中心处不完全燃烧（ 800 ～ 1000℃ ），产生直径约 30nm 的碳粒子。火焰外部及上部的燃烧产生的热使碳粒子变为白炽（ 约 1500℃ ），发射出黄色的烛光来，最终的燃烧产物是二氧化碳和水。

$$CH_3(CH_2)_{16}COOH + 11O_2 \xrightarrow{\triangle} 9H_2O + 5CO_2 + 5CO + 8C + 9H_2$$

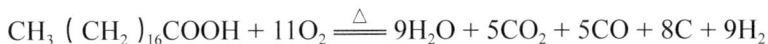

蜡烛燃烧时，焰心呈浅蓝色，内焰呈较深的橙红色，外焰呈较淡的橙黄色。实际上在微重力环境下，蜡烛燃烧的颜色为蓝色，因为火焰是混合了高温气体的固体小颗粒及等离子体状态的物质（见图3-7）。

火焰是能量的梯度场，通常情况下，火焰分为焰心、中焰和外焰三部分，不同部分发生氧化反应的程度不同，温度高低自然不同，外焰的温度最高。有经验的玻璃工师傅在加工玻璃部件时，采用外焰加热。学生在实验室采用酒精灯加热时，通常也应使用外焰加热。

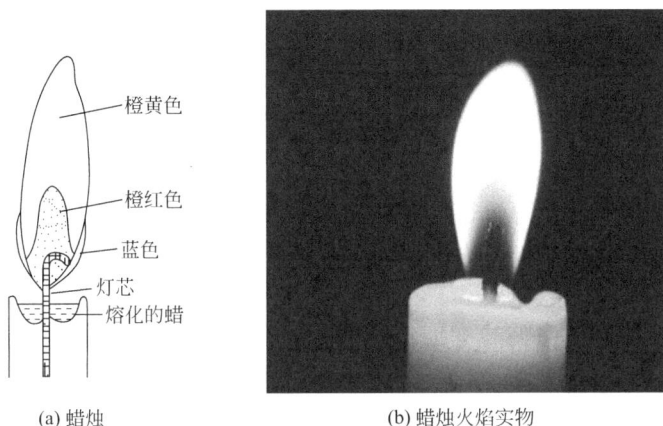

(a) 蜡烛　　　　　　　　　　(b) 蜡烛火焰实物

图3-7　蜡烛燃烧

火焰

原子核：原子核位于原子的核心，由质子和中子组成。体积只占原子体积的几千分之一，质量却集中了99.96%以上原子的质量。

电子：带负电的亚原子粒子，是组成原子的最基本粒子之一。

光子：传递电磁相互作用的基本粒子，是一种规范玻色子，其静置质量为零。

着火点：可燃物在助燃剂中加热达到连续燃烧的最低温度。

燃烧温度：可燃物燃烧时放出的热量使燃烧产物（烟气）所能达到的温度，有理论燃烧温度和实际燃烧温度之分，通常情况下，燃烧温度多指理论燃

烧温度。

火焰为什么有颜色？

可燃物在燃烧的过程中，释放光和能量。燃烧产生的火焰，是从可燃物质中蒸发的燃烧气体形成的。火焰是一种状态或现象，可燃液体或固体需首先变为气体，气体与空气中的氧气发生反应，以光的方式将能量释放出来。分子、原子或离子等微粒吸收一定的能量后，会激发一个或多个原子核周围的电子跃迁到更高的能量级，当电子由较高能级的激发态跳回到较低能级的基态时，会放射出一个光子，辐射量子或"粒子"。

当许多电子返回时释放出稳定的光子流，这就是我们所看到的光。而光的颜色取决于光子的波长，这就是看得见火焰的原因。由于不同可燃物的燃点不同，燃烧温度不同，释放光子的能量不同，所以火焰的呈色差异很大。

金属的焰色反应

礼花弹中填充了各种特制的金属材料，因为不同的金属在高温下能够发出不同颜色的光，烟花才会发出绚丽的光芒，释放出颜色各异的焰火。

焰色反应是某些金属或它们的挥发性化合物在无色火焰中灼烧时使火焰呈现特征的颜色的反应（见图3-8）。每种元素的光谱都有一些特征谱线（见表3-1），发出特征的颜色而使火焰着色。

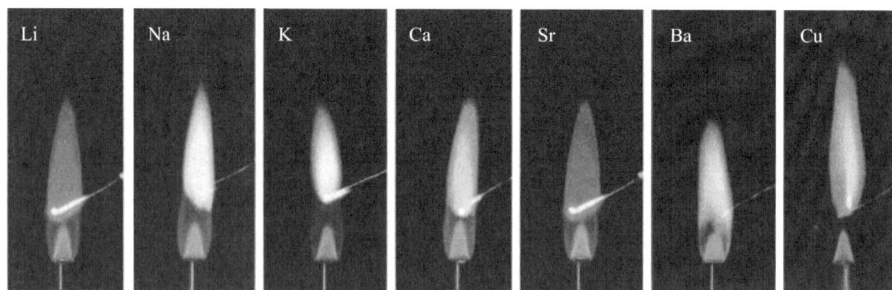

图3-8 部分金属的焰色反应

表3-1 部分金属离子的焰色谱线波长

金属离子	Li^+	Na^+	K^+	Rb^+	Cs^+	Ca^{2+}	Sr^{2+}	Ba^{2+}	Cu^{2+}
焰色	紫红	黄	紫	紫红	蓝	砖红	洋红	黄绿	蓝绿
λ /nm	670.8	589.0 589.6	404.4 404.7	420.2 629.8	455.5 459.3	612.2 616.2	587.8 707.0	553.6	524 537

硫的燃烧

硫的闪点为207℃，自燃点为232.2℃。硫燃烧时，有紫色烟雾生成，主要成分是二氧化硫。硫在空气中燃烧的火焰是淡蓝色的，在氧气中完全燃烧时则是蓝紫色的火焰（见图3-9）。

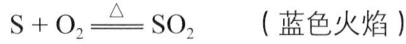

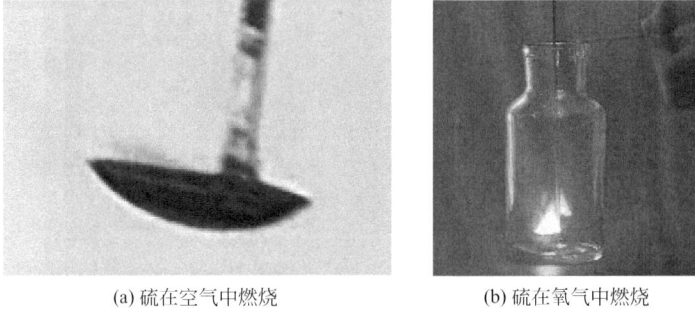

$$S + O_2 \overset{\triangle}{=\!=\!=} SO_2 \qquad （蓝色火焰）$$

(a) 硫在空气中燃烧　　　　(b) 硫在氧气中燃烧

图3-9　硫的燃烧图

甲烷的燃烧

CH_4着火温度632℃，一般认为甲烷燃烧产生明亮的蓝色火焰。实际上，纯净的甲烷只有在完全燃烧时火焰才呈现淡蓝色，如果气体流速过快，部分甲烷就会发生不完全燃烧，产生的炭粒在高温下放光，使焰色变黄（见图3-10）。

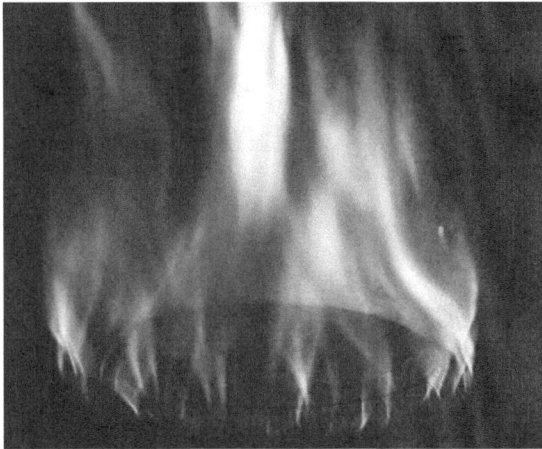

$$CH_4 + 2O_2 \overset{点燃}{=\!=\!=} CO_2 + 2H_2O$$

图3-10　甲烷燃烧图

乙醇的燃烧

乙醇在空气中燃烧反应的火焰应为淡蓝色，但通常酒精灯燃烧的火焰为黄色（见图 3-11），这可能与燃烧气体成分复杂有关。因为 C_2 激发绿色火焰，CH 激发紫色火焰，炭粒子激发黄色光。

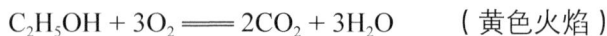

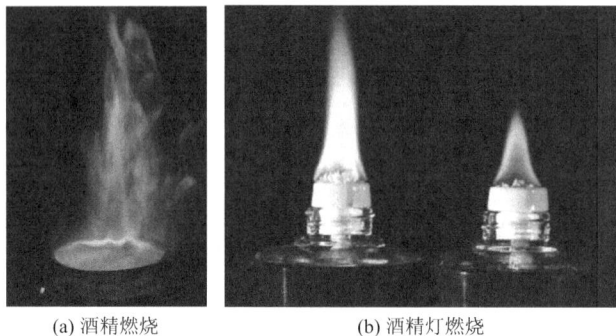

$$C_2H_5OH + 3O_2 \rule[0.5ex]{2em}{0.4pt} 2CO_2 + 3H_2O \qquad （黄色火焰）$$

(a) 酒精燃烧   (b) 酒精灯燃烧

图3-11　酒精和酒精灯燃烧火焰图

金属的燃烧

活泼金属： 在元素周期表最左边的碱金属元素一列中，由于价层电子数只有 1 个，极易失去，故碱金属化学反应性质高，常称活泼金属。

铝热剂： 由铝粉与难熔金属氧化物（如 Fe_2O_3、Cr_2O_3、MnO_2 等）按照 1∶3 比例组成的混合物被称为铝热剂。当用引燃剂将铝热剂点燃后，反应可猛烈进行，得到氧化铝和熔态单质金属并放出大量的热，温度有可能高达 2500 ~ 3000℃，并发出耀眼的光芒。

金属钠燃烧

几乎所有碱金属都能自燃，锂、钠、钾在空气中的着火点分别是 190℃、114℃、69℃，铷和铯更低。熔点较低（＜ 1000℃）的轻金属燃烧时呈液态，并产生蒸气。由于挥发的金属（如 Li、Na、K）燃烧温度大于其氧化物的沸点，因而燃烧剧烈时，固体的氧化物也变成蒸气扩散到燃烧层，并凝聚成微粒，或与空气中的 CO_2 反应形成白色碳酸盐，形成白色的浓烟。

钠在空气中燃烧，产生白色浓烟，含有大量 Na_2CO_3，并发出黄色的火焰（见图3-12）。

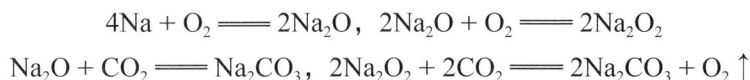

$$4Na + O_2 === 2Na_2O，2Na_2O + O_2 === 2Na_2O_2$$
$$Na_2O + CO_2 === Na_2CO_3，2Na_2O_2 + 2CO_2 === 2Na_2CO_3 + O_2\uparrow$$

锂、钠、镁等活泼金属极易燃烧，且会因燃烧而逐渐地积累起大量的灰尘（金属氧化物、过氧化物等），从而阻断氧气的供应，而后慢慢熄火。金属钠燃烧时，最好的处理方法就是远离它，待其自行熄火。若采用盐进行灭火，需保证盐没有受潮，否则可能引发氢气爆炸，危害消防队员的人身安全。当然，可采用 D 型干粉灭火器进行灭火。D 型干粉灭火器的主要组成是氯化钠、碳酸钠或碳酸氢钠等无

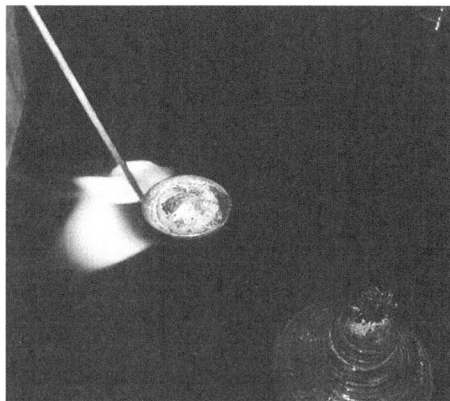

图3-12　钠在空气中燃烧

机盐，配以少量能在燃烧金属表面形成致密不透气覆盖层的添加剂。

钠与水反应，发出嗞嗞声，放出的热量可使钠熔化成小球形，同时快速产生氢气，见图 3-13（a）。小钠球在水面上持续与水反应，产生的氢气使之不停地在水面上运动，而积聚在水面上的氢气在数秒之内燃烧并随之发生巨大的爆炸（反应释放的热能点燃了产生的氢气，同时熔化的金属钠也发生燃烧），见图 3-13（b）。

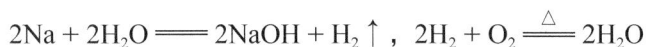

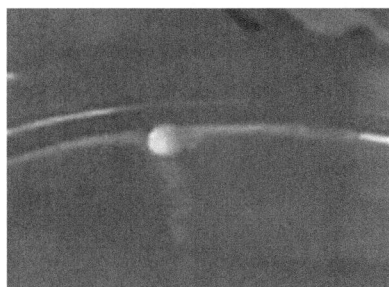

$$2Na + 2H_2O === 2NaOH + H_2\uparrow，2H_2 + O_2 \overset{\triangle}{===} 2H_2O$$

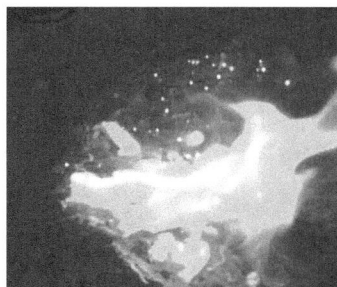

(a) 钠加入水中　　　　　　　(b) 钠与水剧烈反应

图3-13　钠与水反应图

注意事项

1.活泼碱金属的用量要严格控制，钠块以 2g 左右为宜，钾、铷、铯的用量要更少些。

2.做好防护保护，防止燃烧或爆炸对人员造成误伤。

镁条燃烧

镁条常用于铝热剂的点燃等实验，因为镁条的燃点只有 $38 \sim 40℃$，一根火柴就可将镁条点燃。镁在空气中燃烧时，发出耀眼的白光，生成白色的 MgO。镁粉有极大的表面积，这使得它在与空气混合后可以迅速剧烈地燃烧，产生持续时间极短的超亮的光（比白光更白），这一特性可被用于制造照明弹及闪光弹等。燃烧的镁条或镁粉能够与空气中的氮气反应，生成白色的氮化镁，因此，燃烧后的产物溶于水，会有刺鼻的氨气（NH_3）放出。

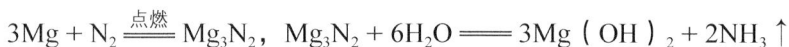

$$2Mg + O_2 \xrightarrow{\text{点燃}} 2MgO \qquad （亮白火焰）$$

$$3Mg + N_2 \xrightarrow{\text{点燃}} Mg_3N_2，\ Mg_3N_2 + 6H_2O =\!=\!= 3Mg（OH）_2 + 2NH_3\uparrow$$

镁不仅能够与氧气、氮气剧烈反应，镁在 CO_2 中同样能够继续燃烧，见图 3-14。若采用 CO_2 去灭火，则镁会在瞬间燃烧得更为迅速而剧烈。因为在较高温度条件下，镁夺取氧的能力极强，反应同样放出大量的热。

$$2Mg + CO_2 \xrightarrow{\text{点燃}} 2MgO + C$$

(a) 镁在空气中燃烧　　　(b) 镁在CO_2中燃烧　　　(c) 镁在N_2中燃烧

图3-14　镁的燃烧图

扩展
阅读

镁条易点燃，细粉末镁则具爆炸性，然而镁制赛车、自行车、汽车或飞机部件等却很难着火，这是因为大金属块能以足够快的速度把热量从它的表面传导到环境中，使其温度低于着火点。镁的熔点648.8℃，镁合金的燃点300～500℃（不同的合金），所以金属镁能够用于自行车车架的制作。纯镁制车轮虽然强度高、质量轻，但价格昂贵。

铝热剂

铝热剂在燃烧时犹如一个超级火爆的焰火筒（见图3-15），在短短的几秒时间内便可以耗尽500g的粉末，将周围所有可触及的东西燃烧殆尽，因为它在燃烧时能极其剧烈地释放热量（反应温度约3000℃）。铝粉与Fe_2O_3粉末发生铝热反应，形成液态的铁水可用于城市高楼、高架桥等建设中钢筋的焊接，也可用于高速铁路铺设铁轨所用的无缝焊接等。

$$4Al + 3O_2 \xrightarrow{\text{燃烧}} 2Al_2O_3, \quad Fe_2O_3 + 2Al \xrightarrow{\text{高温}} Al_2O_3 + 2Fe$$

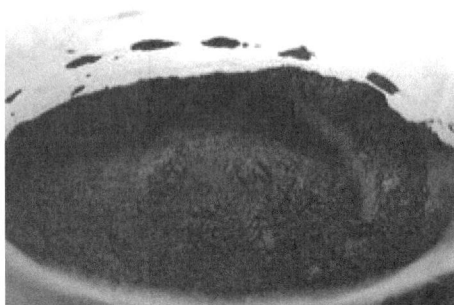

(a) 铝热剂   (b) 铝热剂燃烧

图3-15 铝热剂作用图

铜的燃烧

对于非自燃金属，若金属在氧气中的燃烧点高于其熔点，则将其加热至燃点后，金属可以燃烧。

铜片或块状铜不易燃烧（熔点1083℃），但铜粉由于表面与空气接触

更多,所以更容易被氧化,高温下形成绿色烟;铜丝在空气中加热呈红热(见图3-16),在纯氧中能燃烧。铜可以在氯气中燃烧,产生棕黄色的烟。熔、沸点很高(如铁丝等)的金属燃烧时不能形成蒸气,就不能见到火焰。

$$2Cu + O_2 \xrightarrow{\triangle} 2CuO \quad (绿色烟),\quad Cu + Cl_2 \xrightarrow{\triangle} CuCl_2 \quad (棕黄色烟)$$

(a) 铜丝加热前   (b) 铜丝加热后

图3-16　铜丝燃烧示意图

炸药

氧化剂:氧化还原反应中得到电子的物质。该物质能氧化其他物质而自身被还原。

爆燃:以亚音速传播的燃烧波被称为爆燃,它是一种剧烈放热的化学反应。

化学变化:指物质发生变化而产生新物质的过程。又称化学反应或化学作用。

物理变化:指物质状态发生变化而无新物质生成的过程。

硝化纤维素

用精制棉与浓硝酸和浓硫酸酯化反应,得到白色或微黄色棉絮状产物被称为硝化纤维素。这种硝化纤维素外观与棉花极为相似,但极易燃烧(见图3-17),尤其是与酸接触或缺少润湿剂可能引起自燃。

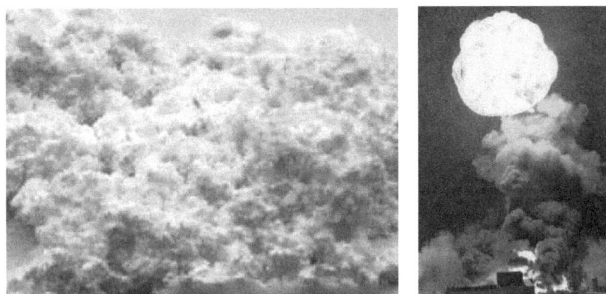

(a) 硝化纤维素   (b) 硝化纤维素燃烧

图3-17 硝化纤维素和硝化纤维素燃烧

扩展阅读

爆炸可能是物理变化，也可能是化学变化，还可能是核爆炸。例如，自行车或汽车的轮胎，因内部温度过高而发生爆炸的现象属于物理变化；引燃火药而发生的爆炸及瓦斯爆炸属于化学变化；原子弹和氢弹爆炸属于核爆炸。

炸药是指能在极短时间内剧烈燃烧的物质，它是在一定的外界能量的作用下，在极短的时间内生成的气体体积急剧膨胀，并放出巨大的热量。

黑火药

火药就是着火的药，因为硫黄和硝石是古代常用的医疗药物。火药是人类文明史上最为杰出的成就之一，也是中国古代四大发明之一，它是一千多年前术士炼丹过程中发明的。中国古代火药的组成为一硫二硝三木炭，就是将硝酸钾、硫黄和木炭按照比例混合均匀配制而成，由于这种混合物为黑色粉末，且燃烧时产生浓烟，故习惯称其为黑火药（见图 3-18）。黑火药燃烧反应的气体产物有一氧化碳、二氧化碳、二氧化硫和氧化氮等，没有一个化学方程式能够独立表示这 3 种反应物在爆炸时发生的所有反应，而一般大众接

图3-18 黑火药

受的化学方程式为：

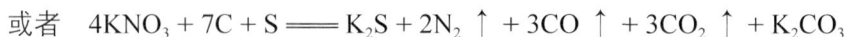

$$2KNO_3 + 3C + S == K_2S + N_2\uparrow + 3CO_2\uparrow$$

或者　$4KNO_3 + 7C + S == K_2S + 2N_2\uparrow + 3CO\uparrow + 3CO_2\uparrow + K_2CO_3$

早期主要利用黑火药的燃烧性进行丹药的炼制，宋代主要用于烟火杂技等表演节目。黑火药应用于军事约始自唐末，主要利用其燃烧、爆炸性的特点，较冷兵器有诸多优点。但黑火药的爆炸威力不大，燃烧时产生大量烟雾颗粒，燃烧速度极快，已不适用于现代战争的需求。

硝化甘油

1847年，意大利化学家索伯雷洛第一次合成了硝化甘油（NG），这种黄色的油状透明液体可用作心绞痛的缓解药。不过，一定量的NG液体可因震动而爆炸，这为火炸药的发展提供了新的原料。NG是一种爆炸力很强且极易爆炸的液体化合物，它解决了黑火药的爆炸威力不大的问题，但运输和使用极不安全。

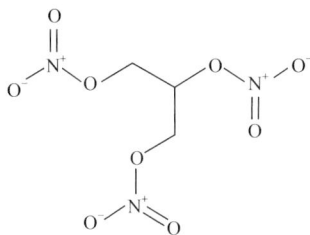

硝化甘油的化学结构式

代那买特炸药

1866年，瑞典化学家诺贝尔发明了黄色炸药"代那买特炸药"，就是将75%的NG与25%的具有吸收性的硅藻土混合，形成安全可控的负载型硝化甘油炸药，安全性大大提高，解决了运输安全问题。

扩展
阅读

A炸药的组成是88.3%三亚甲基三硝胺（RDX）+11.7%非含能增塑剂；B

炸药的组成是 60%RDX + 39%TNT + 1% 黏结剂（蜡）；RDX 与矿物油、卵磷脂混合，可制成 C–1 炸药，其作用不亚于三硝基甲苯（TNT）。C–4 炸药组分是 90%RDX + 10% 聚异丁烯。C–4 炸药是最为安全的炸药之一，用火柴可以把它点燃，但不会爆炸；用枪射击它能够将其打碎，同样不会爆炸。

黄色炸药

硝化纤维素（NC）是欧洲人发明的，将棉花（或棉籽绒）与浓硝酸和浓硫酸的混合酸作用后，就制成了火棉炸药。1875 年，诺贝尔发现 NG 与 NC 接触时会形成一种凝胶，经提纯后可用来生产爆胶、胶质炸药。诺贝尔研制出了具有稳定性和强大爆炸性的"炸胶"，就是将 NC 代替硅藻土，实现对 NG 的吸收。

黄色炸药一般专指三硝基甲苯（TNT，淡黄色针状结晶）为原料制得的炸药，它是第一次世界大战的标准炸药，也是当今爆破装药领域内最为重要的炸药之一，除军用外，更在土木工程、道路建设、矿山开采等多方面得到应用。

扩展阅读

① 北京理工牵头完成的 CL–20（中国湖 20），化学名称为六硝基六氮杂异伍兹烷。这是一种被称为第四代的高爆炸药，爆炸威力比 TNT 强数十倍。

② 南京理工大学教授、院士王泽山是中国火药装药技术领域的学科带头人，著名的火药专家，2017 年荣获国家最高科学技术奖。

发烟剂

军事环境中常用彩色发烟剂来传递信号。用来制造彩色发烟剂的低燃点配方：$KClO_3$（约 35%）作为氧化剂，糖（20%）作为可燃剂，$NaHCO_3$（2%）作为冷却剂，以及一种或多种有机染料（占总量的 40% ~ 50%）。20 世纪的一些战争中，经常通过红色信号弹或绿色信号弹传递信息。它们是通过添加金属和金属盐而发射相关的颜色。例如，$Sr(NO_3)_2$ 产生红色，$Ba(NO_3)_2$ 产生绿色。烟幕弹的发烟剂一般采用白磷、四氯化锡、四氯化钛或三氧化硫等。照明弹在弹体中加入镁粉和铝粉。催泪弹中装有极易挥发的液溴，甚至装有刺

激性化学毒剂邻氯代苯亚甲基丙二腈（西埃斯）。

图3-19　点燃的信号弹

信号弹

信号弹由管壳、火帽、信号剂（星光体）和抛射药（黑药）、盖片等零部件组成（见图3-19、图3-20）。信号弹的光强和波长取决于燃烧烟火剂中的成分，在接近2200℃燃烧的烟火剂经常用高氯酸盐作为氧化剂，硝化棉作为有机燃料。若要将火焰温度提高到2500～3000℃，则需要增加金属粉，如镁粉、铝粉等。

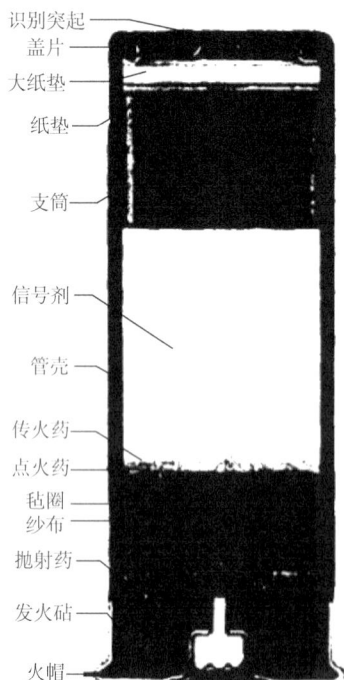

(a) 信号弹结构图

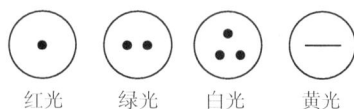

识别突起
盖片
大纸垫
纸垫
支筒
信号剂
管壳
传火药
点火药
毡圈
纱布
抛射药
发火砧
火帽

红光　绿光　白光　黄光

57式26mm信号弹
顶部识别突起

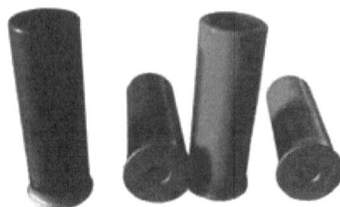

(b) 57式26mm信号弹

图3-20　信号弹

鲜艳的飞机拉烟

飞机拉烟一般使用的拉烟剂是硫酸酐，硫酸酐从高压容器中喷出与空气中的水汽结合形成烟雾。如果再加上不同的配料，烟雾就可呈现出鲜艳的颜色（见图3-21）。拉烟弹的拉烟时间最多不过45s。

图3-21　飞机拉烟表演

拉烟原理就是，将高沸点的液体拉烟剂注入吊舱，通过氮气加压的方式，将烟剂从拉烟喷嘴里吹出来，送入发动机喷出的高温燃气中，形成的蒸气遇冷后凝结成雾，就成为浓浓的彩烟。通常有红色、黄色、蓝色、紫色、绿色、白色等彩烟。成本低、环保型烟剂的研发是航展表演等所急需的耗材，其组成多属技术保密。

"鬼火"

盛夏的夜晚，在荒郊野外或坟墓地附近，有时会出现蓝绿色的火焰，时隐时现，飘忽不定，甚至会随人的行走而移动，这就是所谓的"鬼火"。一些人认为鬼火就是"磷火"或膦（PH_3）、P_2H_4燃烧所致，然而这种观点并未被证实。PH_3在常温下是一种具有大蒜气味的剧毒气体，沸点为185.7K，着火点为423K，着火燃烧时发出淡绿色或浅蓝色火焰。P_2H_4是一种无色液体，极不稳定，常温下在空气中能自燃。

鬼火应是"冷火"，这点应无异议，其火焰为淡黄色，可能是化学发光所致。

杀伤力巨大的白磷燃烧弹

白磷的燃点只有40℃，与空气中的氧接触，会开始燃烧，同时有黄色的火焰，散发强烈的烟雾（见图3-22）。有毒白磷可自燃的性质被用于战争，比如在凝固汽油弹和燃烧弹中，磷被用作引燃剂。燃烧的白磷一旦接触到人体，会穿透皮肉烧到骨头，且燃烧产生的气体还会对眼鼻产生强烈的刺激，杀伤力很强。一枚白磷弹的影响范围几乎有6个篮球场那么大（见图3-23）。在第二次世界大战中，成千吨的白磷燃烧弹被投向城市及战场，造成极大的杀伤与破坏。白磷也曾用于发烟手榴弹，是大炮炮弹和迫击炮炮弹的组成成分，现在仍然在一些军用烟幕弹中使用。照明手榴弹产生无火的化学光，可维持数分钟，有利于突击行动。需要切记，白磷的毒性极强，0.1g就可能致命。

图3-22　白磷燃烧图　　　　　图3-23　白磷弹燃烧图

水能助燃

通常情况下，水火不容，甚至采用水灭火。但对于一些特殊的材料，水的加入不但可能引发着火，而且使得燃烧更为剧烈。

水能助火

向燃烧着的、密度较小的液体燃料油中喷洒一定量的水，可使油雾化后燃烧，导致火焰更加旺盛。

有经验的人知道，燃煤锅炉在燃烧过程中，加入适量湿度的煤比干燥的煤燃烧更旺。这是因为炉膛中煤燃烧的温度很高时，加入少量的水会与燃煤发生化学反应，生成 H_2 和 CO，它们均是燃烧的能手。

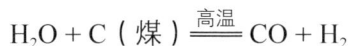

$$H_2O + C（煤）\xrightarrow{高温} CO + H_2$$

电石（CaC_2）遇水剧烈反应，产生可燃气体乙炔（C_2H_2）并放出大量热，乙炔极易燃烧。

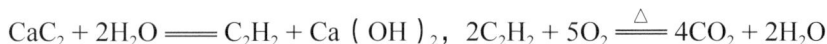

$$CaC_2 + 2H_2O == C_2H_2 + Ca（OH）_2，\quad 2C_2H_2 + 5O_2 \xrightarrow{\triangle} 4CO_2 + 2H_2O$$

遇水发生剧烈反应的物质还有活泼碱金属单质、金属氢化物、烷基金属有机化合物等，水能促进这些物质燃烧。

食材解冻后才能油炸

烹调油的着火所需温度大约427℃，进行煎炸时的油温约177～200℃，一般情况下油炸食物比较安全。但若冰冻肉或鸡等不经解冻就投入热油中，则因油温远高于水的沸点，过多的水分进入热油，而水分蒸发的过程会将油滴抛向空中，进而导致油滴形成的蒸气极其容易燃烧，形成火球。因此，应将食材解冻后再进行油炸。

灭火须知

燃烧的发生必须同时具备可燃物、氧气或其他助燃剂、燃烧所需要的最低温度三个要素，因此面对火灾，可选择隔离法、窒息法、冷却法等进行灭火。也就是至少消除燃烧三要素中的一条，就可达到灭火的目的。

气体灭火剂

惰性气体、CO_2、七氟丙烷等能够将可燃物与空气隔离，因而可用于灭火（见图3-24）。例如，将 CO_2 在高压下装入钢筒内（液态），使用时打开阀门，喷射出温度很低的 CO_2 气体，起到降温和隔绝空气的作用。一般可用于扑灭内燃机和电动机的着火，也可用于扑灭图书室、档案室、贵重设备、精密仪器等物品的失火。优点是扑救后不留痕迹、物资不受污染、不损坏设备。

用水灭火

一般物质着火时，人们首先想到的是采用水灭火（见图3-25）。水可以熄灭大多数火，因为水能降低燃烧物体的温度。最初泼到燃烧物体上的水立即变为蒸汽，迅速离开火，并带走一些因燃烧产生的热量。更多的水泼到火上时，水继续变成蒸汽，并降低燃烧物体温度。最终水把火的温度降低到不能产生燃烧反应的地步，火就熄灭了。

图3-24　气体灭火剂灭火图　　　　图3-25　用水灭火图

四氯化碳灭火剂

CCl_4 是一种挥发性液体，可笼罩于火源上，起到隔绝空气而熄灭火焰的作用。可用于电线着火等的扑灭（见图3-26）。碱金属类物质着火，需要采用液态 CO_2 或 CCl_4 灭火器扑灭，也可采用沙子使着火的物品与空气隔离。

哈龙灭火剂

哈龙灭火剂的主要成分是甲烷的 F、Cl、Br 混合取代衍生物，如哈龙 1301（CF_3Br），哈龙 1211（CF_2ClBr），哈龙 2402（$C_2F_4Br_2$）等。常温常压下是气体，在钢瓶中受压处于液化状态。当接触到火焰后分解产生溴自由基，切断火焰中的自由基反应链，使火很快熄灭。适用于大型油轮着火后的扑救，以及高压电气火灾的扑救。

水基型灭火器

产生的泡沫喷射到燃料表面，泡沫层析出的水在燃料表面形成一层水膜，使可燃物与空气隔绝，达到灭火的目的。这种新型的灭火剂可用于汽油、柴油等灭火，也可用于木材、棉布等引起的失火。

图3-26　四氯化碳灭火剂灭火图

泡沫灭火器

消防泡沫灭火剂是扑救易燃液体的有效灭火剂，分为化学泡沫和空气泡沫两种，化学泡沫以 $Al_2(SO_4)_3$ 和 $NaHCO_3$ 水溶液分隔储存在器体内，使用时使两者相反应：

$$Al_2(SO_4)_3 + 6NaHCO_3 \xrightarrow{\quad\quad} 2Al(OH)_3\downarrow + 6CO_2\uparrow + 3Na_2SO_4$$

空气泡沫灭火剂一般用于消防车，起泡药剂由植物性蛋白质水解后加防腐剂制成，用空气压力喷射到火源上，把火扑灭。

泡沫灭火器用于扑灭油类着火，但对被救物有污染。

酸碱灭火器

酸碱灭火器是一种内部分别装有 65% 的工业硫酸和碳酸氢钠水溶液的灭火器。适用于扑救竹、木、棉、毛、草、纸等一般可燃物质的初起火灾。

水和泡沫在金属火灾中不利于灭火，甚至可以加剧火灾。如果金属熔化了，那么产生的蒸气往往会让金属无处不在。一些热金属可以把水分解成氧气和氢气，从而极有可能引发一场氢气爆炸。

固体灭火器

主要用 $NaHCO_3$、$KHCO_3$ 或 $(NH_4)_3PO_4$ 为原料，加入硬脂酸铝、滑石粉

等，使用时利用压缩 N_2 将粉末喷到火源上加以覆盖，对油类及金属等火灾有效。一般有 BC 型和 ABC 型干粉灭火剂两大类。

干粉灭火器

第一种为通用干粉灭火剂，如磷酸铵盐（主要成分为磷酸二氢铵）；第二种为碳酸氢钠干粉灭火剂；第三种为多元低共熔氯化物灭火剂，可用于活泼金属着火的扑灭。

灭火时，利用压缩的 CO_2 吹出干粉，干粉中的无机盐受热分解，吸收热量；同时，产生的粉末与燃料燃烧产生的自由基或活性基团发生作用，使燃烧的链反应中断，达到灭火的目的；另外，产生的固体粉末落在可燃物表面，并在高温作用下形成覆盖层，起到隔绝氧气的效果。

沙土灭火

实验室内一般备有沙土用于防火灭火，主要是隔绝空气，阻断火势的蔓延与持续。适用于有机溶剂着火、油浴加热等火灾的灭火。碱金属类物质着火也可采用沙土使着火的物体与空气隔离。

趣味实验

趣味实验应在实验室中进行，并由老师指导完成。同学们在实验过程中要严格遵循实验操作规范，保证人身安全。

实验1 "奇特的手帕"实验

一、实验药品及仪器

氯化铜、酒精、镊子、手帕、火柴等。

二、实验步骤

1. 将氯化铜溶液与酒精按照 1∶2 体积比进行混合。

2. 然后用坩埚钳或镊子夹取手帕蘸取混合好的溶液，轻微挤压手帕后将其点燃，观察燃烧现象（见图 3-27、图 3-28）。

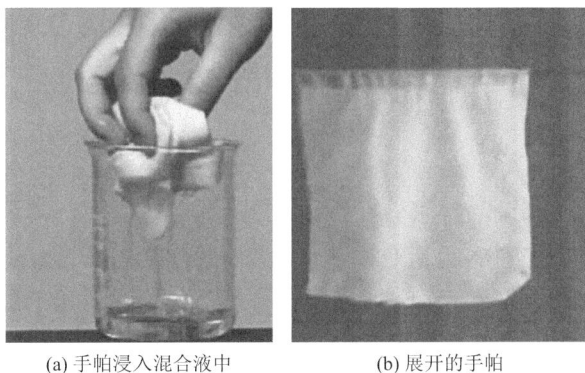

(a) 手帕浸入混合液中　　　　　　(b) 展开的手帕

图3-27　浸湿手帕过程

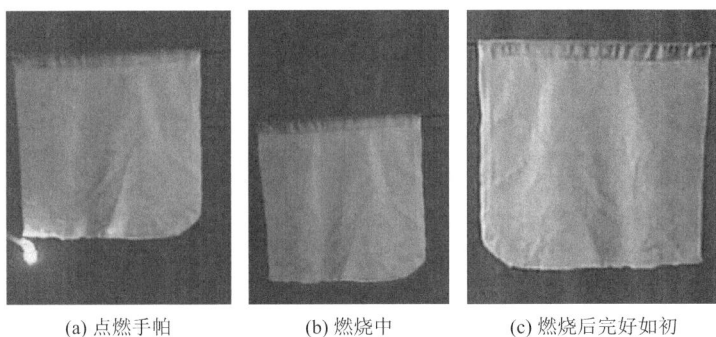

(a) 点燃手帕　　　　　(b) 燃烧中　　　　　(c) 燃烧后完好如初

图3-28　点燃手帕过程

三、实验现象

点燃的手帕不但没有烧坏，而且火焰呈现出美丽的蓝色。

四、实验原理

酒精燃烧，放出能量，使得铜离子激发，主要吸收了可见光波段 524nm 和 537nm 特征波长的光，从而使火焰呈现出特征的颜色。

由于手帕蘸过酒精与氯化铜的混合液，水的蒸发吸收了部分酒精燃烧产生的热量，降低了燃烧手帕表面的温度，使之低于手帕的燃点，所以手帕没有被点燃。

实验2　火龙写字

一、实验药品及仪器

饱和硝酸钾溶液、白纸、毛笔、火柴、蚊香等。

二、实验步骤

1. 用毛笔蘸饱和硝酸钾溶液在一张白纸上写字（注意，笔画要连续不断），重复写两三遍，且在字的起笔处做一暗记，见图3-29（a）、（b）。

2. 把纸晾干，放在水泥地或石棉网上，用带火星的蚊香轻轻地接触白纸上的暗记之处，仔细观察变化〔见图3-29（c）〕。

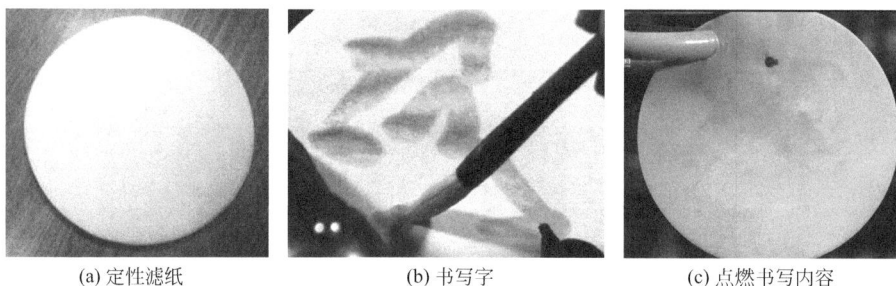

(a) 定性滤纸　　　　　　　(b) 书写字　　　　　　　(c) 点燃书写内容

图3-29　"火龙写字"实现步骤

三、实验现象

纸面上立即有火花出现，并缓慢地沿着字的笔画蔓延，好像用火写字一般（见图3-30）。

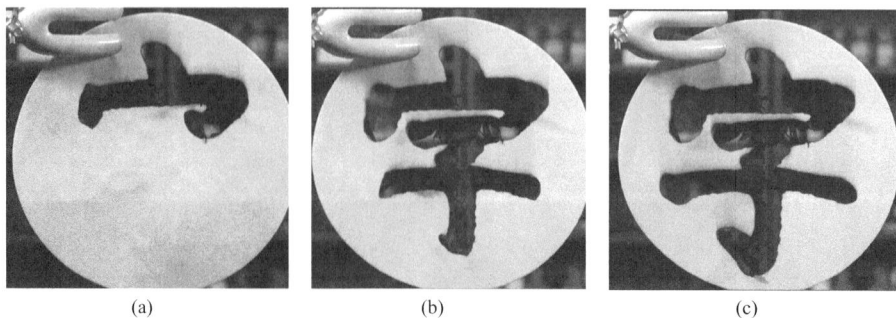

(a)　　　　　　　　　　(b)　　　　　　　　　　(c)

图3-30　"火龙写字"实验现象

四、实验原理

硝酸钾是很好的助燃剂，当纸上的 KNO_3 与带火星的蚊香接触后，KNO_3 受热分解放出 O_2，纸被烧焦。

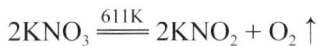

$$2KNO_3 \xrightleftharpoons{611K} 2KNO_2 + O_2 \uparrow$$

实验3　引蛇出洞

一、实验药品及仪器

蔗糖、碳酸氢钠、95% 酒精；蒸发皿、棉花、铜管或铝管、台秤、药匙、火柴等。

二、实验

1. 分别称取 10g 蔗糖和 5g 碳酸氢钠，在烧杯中混合均匀，然后加少量 95% 酒精浸湿，装入直径约 1cm、高约 3cm 的铜管或铝管中，压紧。

2. 将浸有酒精的棉花团放在蒸发皿中，装好药品的铜管置于蒸发皿的棉花团上，用火柴点燃棉花团，观察蔗糖燃烧时产生的实验现象（见图 3-31）。

(a) 蒸发皿　　　　　　　　　(b) 小铜管

图3-31　蒸发皿和小铜管

三、实验现象

棉花团上的酒精汽化燃烧，随后蔗糖开始着火燃烧，同时碳酸氢钠受热分解产生大量的气体，使炭化的蔗糖膨胀，宛如一条黑色的小蛇破壳而出，向外游动的黑蛇逐渐长大，盘绕于蒸发皿中，见图 3-32。

(a) "小蛇" 破壳而出   (b) 似蛇爬出

图3-32　"引蛇出洞"实验现象

四、实验原理

　　酒精及棉花燃烧提供热量，当达到蔗糖燃烧的着火点时，部分蔗糖开始燃烧。由于蔗糖中加入了碳酸氢钠，其受热分解，产生大量的二氧化碳气体，使得金属管内物质的体积蓬松变大。部分炭化的蔗糖就宛如黑色的小蛇破壳而出，向外游动的黑蛇逐渐长大。

　　主要反应的化学方程式如下：

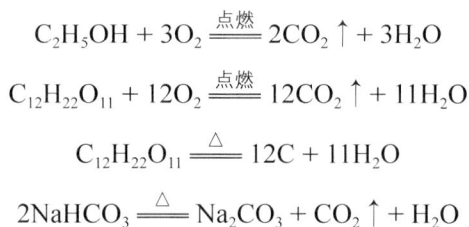

$$C_2H_5OH + 3O_2 \xrightarrow{点燃} 2CO_2\uparrow + 3H_2O$$

$$C_{12}H_{22}O_{11} + 12O_2 \xrightarrow{点燃} 12CO_2\uparrow + 11H_2O$$

$$C_{12}H_{22}O_{11} \xrightarrow{\triangle} 12C + 11H_2O$$

$$2NaHCO_3 \xrightarrow{\triangle} Na_2CO_3 + CO_2\uparrow + H_2O$$

实验4　蔗糖燃烧

一、实验药品及仪器

　　蔗糖、氯酸钾、95% 乙醇、浓硫酸，蒸发皿、坩埚、石棉网、玻璃棒、量筒、火柴等。

二、实验步骤

　　1. 称取 5g 蔗糖倒入蒸发皿中，将 1g $KClO_3$ 加到这堆糖上，然后用玻璃棒搅拌均匀，转入坩埚中形成堆，放于石棉网上。

　　2. 慢慢地加入 2.4 ～ 2.8mL 95% 的乙醇，用玻璃棒竖在坩埚中央使形成潮湿固体的紧密柱状物。

3. 点燃乙醇。

三、实验现象

在乙醇刚开始燃烧的 1.5min 内，堆上不断冒出颗粒状的、小的、黑色的炭喷出物，并且不断有紫色火焰闪烁。2min 以后，堆顶部的炭喷出物不断聚集，向上生长，不时有紫色火焰从堆中迸出，炭的柱状物开始扭曲且越长越快。4min 以后反应完成，产生一根长的弯曲的黑色柱状固态炭，可以闻到少量的焦味。这个实验中产生的炭浅黑色，松软，一碰即碎，体积较大（见图 3-33）。

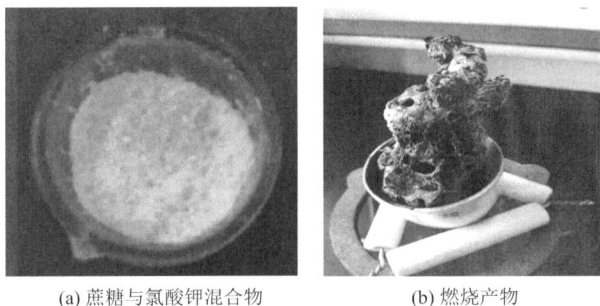

(a) 蔗糖与氯酸钾混合物　　(b) 燃烧产物

图3-33 实验现象

四、实验原理

乙醇燃烧产生的热量能促进氯酸钾的分解，释放出氧气。氧气有助于蔗糖的氧化与燃烧，利用蔗糖与 $KClO_3$ 反应，产生的炭呈浅黑色，松软，一碰即碎，体积较大。

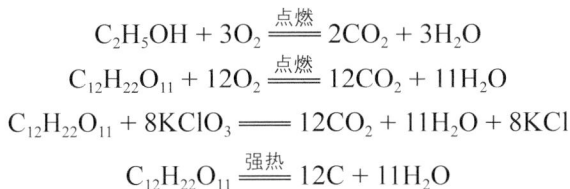

$$C_2H_5OH + 3O_2 \xrightarrow{\text{点燃}} 2CO_2 + 3H_2O$$
$$C_{12}H_{22}O_{11} + 12O_2 \xrightarrow{\text{点燃}} 12CO_2 + 11H_2O$$
$$C_{12}H_{22}O_{11} + 8KClO_3 =\!=\!= 12CO_2 + 11H_2O + 8KCl$$
$$C_{12}H_{22}O_{11} \xrightarrow{\text{强热}} 12C + 11H_2O$$

第
4
章

水

　　水是地球上既常见又特殊的一种物质，因为水是生命之源，动植物的生长离不开水，没有水生命将不复存在。人类很早就认识到水的重要性，世界四大文明的发祥地均源自大江、大河的周围。华夏文明发祥于黄河流域，古埃及文明发祥于尼罗河流域，古印度文明发祥于恒河流域，古巴比伦文明发祥于底格里斯河与幼发拉底河两河流域之间。

Fe
Li

CHEMISTRY

Cu

英国学者约翰·安东尼·艾伦于 20 世纪 90 年代初提出"虚拟水"的概念，用于计算食品和消费品在生产及销售过程中的用水量。例如，生产一杯 250mL 牛奶的平均用水量为 255L，生产一件约 250g 的纯棉 T 恤的平均用水量为 2500L，这恐怕是绝大多数人都不知道的。

湖泊淡水储量的地区分布很不均匀，贝加尔湖、坦噶尼喀湖和苏必利尔湖等 40 个世界大湖储存的淡水量占全球湖泊淡水总量的 4/5。贝加尔湖是世界上容量最大、最深的淡水湖，总蓄水量为 23600km³。

海水虽然储量巨大，但海水的总溶解固体含量高达 34500mg/L，海水因溶解了多种离子（阳离子浓度和阴离子浓度之和约为 1.1mol/L）而使其密度明显超过纯水，20℃时海水的密度为 1.0243g/cm³。海水的咸味与其中溶解了较高浓度的氯化钠有关，海水的苦味则与溶解了较高浓度的氯化镁有关，海水的 pH 在 8.0 左右。波罗的海的海水含盐度只有千分之七八，远低于全世界海水的平均含盐度。死海是世界上最深的咸水湖，盐含量高达 30%，为一般海水的 8.6 倍。

地球表面积的 70.8% 被海洋覆盖，海洋不仅拥有丰富的水资源，且蕴含大量的矿物质，海生动物为人类提供了丰富的蛋白质产品。将海水中的盐脱除，用以生产饮用水、工业及农业用水等的海水淡化技术能够解决部分地区的缺水问题，已开发海水淡化技术 20 多种，其中蒸馏法、电渗析法、反渗透法均已达到了工业规模化生产的水平。蒸馏法虽可行，但能耗高。反渗透法是利用半透膜将淡水和盐分离，能耗仅为蒸馏法的 1/40，中国是世界上第 4 个掌握自主反渗透膜技术的国家。世界上已有 120 多个国家在运用海水淡化技术获取淡水，已建海水淡化工厂超过 16000 座，日产淡水超过 600 亿升。

从全球范围来看，通过淡化设备获得的淡水，仅占全球年淡水消费总量的 0.3%。由于淡化设备的能耗较高，海水淡化技术还有待新的突破。

小知识　　　　湖水含盐量是衡量湖泊类型的重要标志，依据湖水含盐量或矿化度，将湖泊划分为 6 种类型：淡水湖，湖水矿化度小于或等于 1g/L；微咸水湖，湖水矿化度大于 1g/L，小于 35g/L；咸水湖，湖水矿化度大于或等于 35g/L，小于 50g/L；盐湖或卤水湖，湖水矿化度大于等于 50g/L；干盐湖，没有湖表卤水，而有湖表盐类沉积的湖泊；砂下湖，湖表面被砂或黏土粉砂覆盖的盐湖。

水质污染

水资源也被称为"蓝金"，人类的生活、生产需要的是纯净水或淡水。由于液态水具有很大的流动性和强的溶解能力，因此对于绝大多数天然水，水体中通常含有三类物质：悬浮物、胶体和溶解物质。

天然水 {
悬浮物：细菌、病毒、藻类及原生动物；泥沙、黏土等颗粒物。
胶体物质：硅、铁、铝的水合氧化物胶体；黏土矿物胶体；腐殖质等有机高分子化合物。
溶解物质：氧气、二氧化碳、氮气等；钠、镁、钙、铁等水合金属离子；可溶性有机物。

悬浮物颗粒直径大于 100nm，介于 1 ～ 100nm 之间的是胶体，小于 1nm 的是溶解物质。

水体因某种物质的介入而导致其化学、物理、生物或者放射性等方面特征的改变，从而影响水的有效利用，危害人体健康或者破坏生态环境，造成水质恶化的现象称为水污染。被污染的水有时会散发出异味，甚至呈现出一定的颜色。

水污染可分为化学性污染、物理性污染、生物性污染三大类。也有人按照工业污染源、农业污染源和生活污染源进行划分，危害最大的是工业污染，例如毒性较大的重金属离子 [Pb^{2+}、Cr^{6+}、Hg^{2+}、Cd^{2+}]、CN^-、含砷化合物、苯类及其衍生物等。

大气若受到化石燃料燃烧释放的 SO_2、NO_x 等气体污染，则会形成酸雨（ pH < 5.6 ）。酸雨降落到地面后与岩石、土壤等发生化学作用，会对自然生态系统造成一定的危害与影响。

生活污水、工业废水等若不经过处理就直接排放，则会造成对江河湖泊及地下水资源的污染。

流水不腐，户枢不蠹。不流动的水（死水）中氧气含量较低，致使厌氧微生物大量繁殖，并在其代谢过程中释放出有毒有臭味的硫化氢、氨气、甲烷等。流动的水与空气的接触面较大，且水面不断地变换，水中溶解氧的量较高，厌氧微生物受到抑制，水体中的杂质等在运动过程中能够被清除或自净化，因此流水不腐。

赤潮是海水富营养化的表现，是海水中有毒有害藻类和微生物爆发性增长形成的，危害极大。"赤潮"导致海水呈现红色、绿色、褐色、黄色等。蓝藻是在淡水中生长的最原始、最古老的藻类植物，有 2000 多种。太湖蓝藻暴发，敲响了人类治理水体污染的警钟。酸雨通常指 pH 值低于 5.6 的降水，是因人类大量使用煤、石油、天然气等化石燃料导致大气内所含氮氧化物、硫氧化物剧增所致，即降雨中含有硫酸、盐酸和硝酸雨滴。酸雨不仅可使农作物大幅度减产，而且还会危害水生生物，腐蚀各种建筑及石雕艺术品等。

自来水

纯净水从来不是天然形成的。雨雪水的总溶解性固体只有百万分之几，是典型的淡水资源。但雨雪水的 pH 偏酸性，这是由于大气中 CO_2 溶于雨雪水中。

在世界上，饮用水主要来自于人工水井、水库、钻井和连通地下水的泉水等。如果根据水中所含物质种类及数量的不同及差异等，饮用水可分为：淡水、咸水、软水、硬水等。人们喝的山泉里清澈干净的水、地下水或者买的瓶装的水等，其实都是溶液，因为这些水中都或多或少溶解了不同种类的矿物质。地层岩石中的元素会溶解在水里，如钙和镁、钠、钾、氟、铝、铁、硫等，由于岩石种类不同，因此不同地区饮用水喝起来味道也不同。超市中购买的"蒸馏水"是纯净的水，可它是工厂里生产的，不是纯天然的。

自来水一般指通过水厂的取水泵站汲取江河湖泊中的水及地下水和地表水，并经过沉淀、过滤、消毒等工艺流程，通过管道输送至千家万户、厂矿企业及城市的各个角落。

饮用水处理过程中，可加入硫酸铝和氢氧化钙，使之反应形成 $Al(OH)_3$ 胶体，对水体中的悬浮物起吸附作用，$Al_2(SO_4)_3 + 3Ca(OH)_2 \xrightarrow{\quad\quad} 2Al(OH)_3\downarrow + 3CaSO_4$，经沉降、过滤除去。

自来水消毒大都采用氯化法，加入氯气、次氯酸钠或次氯酸钙等，消毒效果好、费用低廉，但水中残留氯会影响水的口感，且有可能产生一定的致癌物质（卤代甲烷等）。将二氧化氯、臭氧用于自来水的消毒，安全性更好，但费用有所增加。氯胺也可以为饮用水消毒，跟氯相比，氯胺更具有稳定性。

古罗马在公元前 144 年建成的梅西亚输水道长达 62km，除常规渠道外，许多地方还采用了虹吸管、隧道和连拱支撑的石质渡槽。古代城市的供水系统虽不能与当今的自来水系统相提并论，但由于古代水质污染物极少，所建用于生活或灭火的供水系统也可粗称其为"自来水"系统。

古罗马城用铅管铺设的城市供水系统，长期源源不断地向水中释放有毒的铅、铬等重金属离子，造成古罗马人慢性中毒，付出了巨大的代价。今天的城市供水系统，同样存在着某些不安全的因素，需要定期或不定期进行消毒等处理。

随着技术进步和生活水平的提高，饮用水处理技术手段更加多样化，形成了天然矿泉水、纯净水、蒸馏水、磁化水、富氧水、高氧水等多个品种的水。

水的结构是什么？

氢键：与电负性大的原子 X 共价结合的氢，如与负电性大的原子 Y（与 X 相同也可以）接近，在 X 与 Y 间以氢为媒介，生成 X—H⋯Y 形式的一种特殊的分子间或分子内相互作用。氢键是一个分子或分子片段 X—H 的一个氢原子和同一或不同分子的一个原子或原子团之间形成的静电吸引，其中 X 较 H 更具负电性。

溶液：由一种或几种物质分散到另一种物质里，组成的均一、稳定的混合物。被分散的物质（溶质）以分子或更小的质点分散于另一物质（溶剂）中。

水是由氢、氧两种元素组成的无机化合物，且氢和氧按照原子比 2:1 组成的，一个水分子由两个氢原子与一个氧原子通过共价键结合在一起，而且两个氢原子位于氧原子的同一侧，即水分子是 V 字形（或称角形），O—H 键长 9.572×10^{-11} m，夹角为 104.52°。考虑到氢、氧各有三种同位素，因此水分子同位素变体有 18 种之多。不过，由于大自然中氢的三种天然同位素的丰度分别为：H 99.985%，D 0.015%，T 10^{-20}%；氧的三种同位素丰度分别为：^{16}O 99.759%，^{17}O 0.037%，^{18}O 0.204%。所以常见水分子的组成完全能够用 H_2O 表示。

由于氧原子的电负性比氢原子大，V 字形的水分子中除了形成两个 O—H 的 σ 键外，相邻分子间带异性电荷的原子间还可以形成一定量的氢键（静电吸引作用）。理论上讲，1 个水分子最多能形成 4 个氢键（2 个氢与另外 2 个水

分子的氧形成氢键，氧的两对孤对电子与另外 2 个水分子的氢形成氢键），组成局域的四面体结构，其中有两个较近的相邻氢原子（9.5×10^{-11}m) 和两个较远的相邻氢原子（1.91×10^{-10}m）。

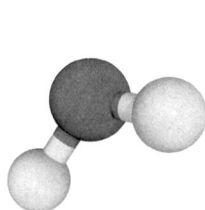

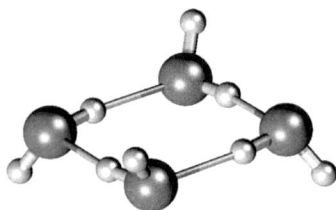

单个水分子结构　　　　4个水分子组成的环状结构　　　　1个水分子形成4个氢键

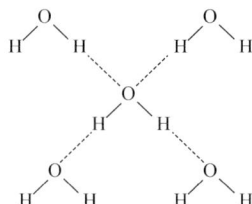

常温常压条件下，大气中常见的三种组成成分（N_2、O_2 和 CO_2）都是气体，而分子量较小的水（H_2O）却非气体，而是液体，况且水的沸点（100℃）也高得反常。造成这一结果的主要因素是水分子之间存在着较强的另一种相互作用——氢键，次要因素是液态水中存在着一定数目的缔合水分子（H_2O）$_n$。

水主要依靠分子间氢键作用以动态分子簇的形式存在，其稳定存在时间只有 10^{-12}s 左右。在这个过程中，既不断有水分子加入某个水分子簇，同时也有水分子脱离该团簇。如果化学家可以人为控制水分子通过氢键形成的多聚体，那么以水分子为基础的结构就可以被人为制造，比如由 28 个水分子组成的水制巴基球，甚至由 280 个水分子制造的正二十面体。

氢键的形成导致了水的高沸点、高熔点、高热容、高表面张力、高黏性和固态冰的密度比液态水更小等性质。如果水分子中没有氢键（仅有分子间范德华作用结合），那么水的熔点将低于 –85℃，沸点将低于 –60℃（大约为 –75℃），地球上将不可能存在大量的液态水，生命也就无法生存。

中科院物理所王恩哥课题组于 2004 年发现一种新的二维冰结构，水分子以氢键连接形成四角形和八角形网格，即一部分水分子靠较强的氢键连接形成四角形的水分子环，相邻的四角形水分子环之间通过较弱的氢键作用连接成八角形网格。水分子还可以形成六角形的晶格结构，六面体有两个六角形和六个正方形的面，因而水晶体会形成各式各样的冰、雪花。

2014 年 1 月 5 日，《自然：材料学》在线发表了北京大学江颖课题组和中科院物理所王恩哥课题组拍摄的水分子的内部结构，不仅拍摄到单个水分子的结构，还拍摄到了由 4 个水分子组成的水团簇，这是一种新的二维冰结构，水分子以氢键连接形成四角形和八角形网格，即一部分水分子靠较强的氢键连接形成四角形的水分子环，相邻的四角形水分子环之间通过较弱的氢键作用连接成八角形网格。这为进一步确定水分子在物体表面上的取向、吸附等工作，提供了可能。

如果水分子在液态中具有紧密堆积的结构，那么它的密度应为 $1.84g/cm^3$，而实际上水的密度在 4℃也只有 $1g/cm^3$，这表明液态水在结构上仍在很大程度上类似于冰的结构。如果水具有紧密堆积结构，每个水分子应该特征地有 12 个最邻近的其他水分子，但在 0～80℃范围内 X 射线研究表明，每个水分子只有 4.4～4.9 个最邻近的水分子。这说明液态水体系中，水分子形成氢键的数目不同（从 1 到 4），通过氢键网络而形成水分子簇，不规则分子簇间留有空隙。

水的结构除了以四面体为主外，还能形成稳定的三元环、四元环、五元环、六元环、七元环和八元环。水分子还可以形成六角形的晶格结构，六面体有两个六角形和六个正方形的面，如果晶体向两个六角形的面的方向生长，就会变成一个柱状晶体；而如果向六个正方形面的方向生长，则会形成一个片状的六边形晶体。片状或柱状晶体进一步长成结构更加复杂的形状，即水晶体会形成各式各样的冰/雪花。–10～–5℃温度条件下更易形成柱状或针状结构；–15℃左右温度下，水结晶大多结成片状雪花。

液态水结构具有高度的复杂性和多样性，水的结构问题，是科学家一个世纪来最希望破解的难题之一（见图 4-1）。

小分子水簇呈准平面结构，如水分子三聚体、四聚体、五聚体，而水分子七聚体及其以上聚体趋向于三维结构。水分子六聚体在水分子簇中占据着独特的位置，它是水分子簇构型转变的中介点。水分子六聚体的构型有多种：棱状、环状、笼状、书状、船状等❶，六分子团簇已经具有体态冰中褶皱六角环的特征❷水在变成雪花时，会呈现出五彩缤纷，互不重复的、十分规则的六边形几何图案。

液态水的五角十二面体结构模型和水的性质相符合：键角适合水分子通过氢键相互结合，密度变化能够得到合理解释，冰融化为水的过程是断裂部分氢键（约 15%），形成冰"碎片"的过程。

英国的卓别林认为，液态水是由两种相互混合的纳米团簇所组成，一种纳米团簇像一个有点瘪了的皮球，而另外一个更像是结构整齐的实心球，水分子不断在这两种状态之间摇摆。

---

❶ Liu K, et al. Science, 1996, 271: 929. Gregory J K, et al. Science, 1997, 275: 814.

❷ Morgenstern K, Nieminen J. Phys Rev Lett, 2002, 88:066102.

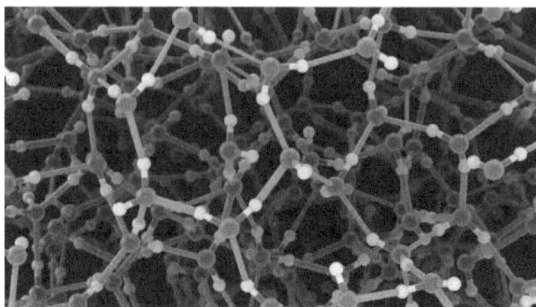

图4-1 液态水结构示意图❶

　　美国的斯坦利认为水有两个截然不同的态——低密度态和高密度态，低密度水有着开放的四面体结构，而高密度水的结构更为紧凑，水会在这两种态之间进行不断的动态转换。

　　果冻几乎都是由水构成的，可水却不会从果冻中流出来。凝胶的含水量也非常高（可达自身重量的99.9%），水同样不会流出来。原因可能是凝胶的基质中有着无数的亲水脉络，而这些脉络将普通的水转化成了排斥区水。这些排斥区的平面牢牢地黏在了亲水脉络上，同时彼此之间也互相联系。一个有弹性的网格结构在达到其弹性极限之前可以容纳大量的水，当机械阻力与渗透力相平衡的时候，凝胶不再增长。

雪花为什么是六角形的？

　　在水结冰的过程中，水分子之间的氢键会产生一种推拉分子，使分子既不会分离太远，又不能靠得太近，最终形成六角形结构。六角形的冰晶比同样质量的液态水体积略大，因此冰的密度比水小。

　　水滴在 –15℃左右的高空气温条件下形成雪，其结晶形状有扇形6支花、星状6支花、树枝状6支花等。在 –30℃以下形成的雪，其结晶形有海鸥形、御币形、矛尖形等。在 –173℃左右，还有高密度无定形冰和低密度无定形冰的区别。

　　当小水滴和小冰晶增长变大至能够克服空气阻力时，便飘飘洒洒降落形成雪花。自然界最常见的体相冰是六角冰相，接近冰点时冰晶为平板状，堆砌的平面创造了六角形的有序结构，排斥区的片状结构是形成这种结构的模板。雪花具有特定的组成规律，棱柱是按一定方位、角度相互连接在一起的。因为冰

❶ Thomas D Kühne. Nature Commun, 2013, 4:1450.

的结构是六角形的（六棱柱状和六角形的薄片状），所以雪花的晶体通常是六角形对称结构。

水的性质

虽然水分子（H_2O）本身早已为人熟知，水的组成也并不复杂，但真正了解水的能有几人？物理学家希夫写过一本名为《水的记忆》的书。日本的江本胜相信水具有复制、记忆、感受、传达信息的能力，出版了《来自水的信息》《水知道答案》《幸福的真义水知道》等著作。

水的物理性质

纯净的水是无色、无嗅、无味的透明液体，冰点为0℃，沸点为100℃，4℃（实际为3.98℃）时的密度为$1g/cm^3$，能够以气、液、固三态存在。不同地域或不同海拔，气压有差异，沸点也就不同。比如在青藏高原，水的沸腾温度达不到100℃。为使炖肉或煮饭正常进行，高压锅是一个不错的选择。

水是最特殊的液体，水具有很多特性，缺少这些特性，生命将不可能存在。水对许多物质具有良好的溶解性能，是生命过程中营养物质和废弃物的主要运输媒介。水的密度随温度降低而增加，但当温度低于4℃时，液态水的密度反而减小。更加反常的是，固态水的密度竟然比液态水还要小。因而，冰浮

在水面上，大的水体一般不会全部冰冻成固体。水的反常性质可以认为是其分子结构和分子间作用力导致的结果。

水的比热高，蒸发热高，使得地表温度不致有巨大涨落。到达地球表面的太阳能，约有三分之一为海洋、湖泊、河流等地表水所吸收，水吸收的热量部分使水蒸发，使得空气湿度适宜；部分在夜间释放，使得昼夜之间温差不大。

为什么水在 4℃的时候密度最大？

0℃的冰中，水分子的配位数是 4（每个水分子都通过氢键与另外四个水分子键合，形成三维网状空间结构）；当冰融化成液态水时，网状结构被破坏，分子之间变得紧凑，就是说分子在簇团中的排列并不要求像冰中那样规则，如 1.5℃和 83℃时，水的配位数分别为 4.4 和 4.9，但水分子之间的距离却分别为 0.29nm 和 0.305nm。配位数增加有增加水的密度的效果（配位数效应）；而温度升高，水分子布朗运动加剧，导致体积膨胀，造成水的密度降低（热膨胀效应）。水的密度在 3.98℃（约为 4℃）最大，达到 $1g/cm^3$，是两种效应综合的结果。

冰融化时，部分氢键解体。当冰融化成 0℃的水时，断开的氢键只占总数的大约一半。液态水中水分子可以按氢键的多少分为 5 类：有四个、三个、二个、一个氢键及没有氢键。一部分水分子填充至水分子笼内，因此在 0℃至 4℃范围内呈现"冷胀热缩"的现象，结果使得液体水的密度增大。4℃以下至 0℃时，水分子间的缔合形成"假冰晶体"，使水的密度降低。

冰面下游动的鱼

冬季的时候，当外界空气温度下降到 0℃以下时，与空气接触的水面温度首先会下降，其密度则有所上升，这样就会出现下层温度较高、密度较小的水上升至水体表面。不同温度的水体上、下层交换的过程中，整个水体的温度会下降至 4℃。此后，表面水层的温度继续下降，同时密度变小，下层的水体不再上升，最终在水体表面先结冰。表面冰的形成，保护了水体的温度，使得水下的鱼类及其他水生生物能够不被冻死。只要湖泊不从表面到底部完全结冰，湖底的温度就不会低于 4℃。而湖水是很难完全结冰的，因为湖水冻结时，冰会出现在表面上，形成一个隔热层，有效阻止下方湖水的热传递。

水在低温下结冰，体积会膨胀，对于寒冷地区，这种现象常常导致水缸被冻裂。这种变化也曾被用于开山采石，即先在山崖上打孔洞，冬季寒冷时再向孔洞里注满水，结冰后导致石块胀裂。

如果水永远在 0℃结冰，那么北方寒冷地区的植物就要灭绝了，因为植物中的水若结冰将导致植物的撕裂，甚至能切碎每一个细胞器。

表面张力

液体有一种气体和固体均不具备的性质，即表面张力。表面张力是液体表面分子作用力不平衡导致的结果。液滴、肥皂泡、弯曲液面的形成等，都是表面张力引起的。

液体具有尽可能缩小其表面积的性质，而球形物体的表面积最小。水滴之所以能变成圆球形，表面张力的作用十分重要。水银是表面张力最大的液体，因此散落的小水银珠一般是球形的。可以想象一下，在失重条件下制备的滚珠应具有完美的对称性，用于制造轴承，摩擦噪声应最小。

水的张力足以浮起密度很高的物体，包括钢针、曲别针和硬币。不过，放置过程要小心、轻放，避免随意丢放在水面上所产生的剪切力对水面结构的破坏。水面可以支撑起某些生物体的重量，如水黾在水面上行走自如，中美洲的蜥蜴也能在池塘上面行走。中科院化学所江雷等对水黾的研究发现，水黾的腿能排开 300 倍于其身体体积的水量，它在水面上每秒可滑行 100 倍于身体长度的距离。实际上，水黾腿部有数千根按同一方向排列的多层微米尺寸的刚毛（水黾足部的纤毛含有油性成分，油水相互排斥），吸附在沟槽缝隙内的气泡形成气垫，在其表面形成一层稳定的气膜，阻碍了水滴的浸润，水黾毛腿的这种超疏水性保障了水黾在水面上能够自由地穿梭滑行。

毛细作用

水是一种具有很强内聚力和表面张力的物质，能发生较明显的毛细作用和吸附现象。毛细作用是指毛细管中的水形成高于自然水面的凹形面现象，是水分子的凝聚力同水使玻璃管壁湿润、与管的"黏着"力相配合的结果。实验室中常用的酸式滴定管和玻璃移液管在使用时，液面就呈凹形。若毛细管内壁涂有石蜡等憎水物质，则毛细管中的水会高于自然水面呈凸形。若将细玻璃管插入水银中，则管子里的水银面就会降低，且管子的内径越小，水银面下降得越低。

我们可做如下实验，以领会毛细作用。

将一根石英毛细管垂直插进一杯水中，毛细管中的水会很快地上升，且达到比周围的水的高度更高，水面呈圆弧状，即产生了弯曲的液面。

毛细作用在整个自然界中都普遍发生，比如红杉树近百米高的顶端，狭窄

认识奇妙的
化学

的木质部从根一直生长到叶子，将水向上运输。

木质部的 pH 值为 4～5，说明在木质部的管道中，存在环状的排斥区。当水从植物的叶子中蒸发时，木质部导管的顶端会瞬时变干——除了几层残留的排斥区。附着在这些排斥区层上面的氢离子会将水推上去。

水的黏滞性

水具有流动性。当水流内部发生相对运动时，各水层间便出现相对的剪切力（称为内摩擦力），并阻碍着水流内部的相对运动（即变形），这就是水的黏滞性。水的黏度在 0℃时为 $179.21 \times 10^5 Pa \cdot s$，100℃时为 $28.38 \times 10^5 Pa \cdot s$。通常来说，液体的黏度会随压强升高而增加。然而，水是个例外。在 30℃以下水的黏度在压强增加时减小；但在足够大的压强下，其黏度又会像其他液体那样增大。水中广泛存在的氢键是造成其黏度与压强相关性反常的原因。大量的氢键导致了水分子形成大尺寸的分子簇，它们阻碍分子之间彼此流过，造成很高的黏度值。向水施加额外的压强时水被压缩，氢键所需的中空结构被破坏，于是分子簇的尺寸减小，使水的黏度减小。黏度受温度影响，在高的温度下，分子不断吸收热能转变为其动能，就有更多的能量来克服分子间作用力，增加分子流动的容易度，从而降低了物质的黏度。

乙醇和水的混合物或许可以产生交织的排斥区，使得黏稠度大幅度提升。乙醇与水的体积比为 40∶60 时，黏稠度最高，这可能是一些白酒中乙醇的体积分数多为 40%（40 度）左右的一个原因。

水的硬度

根据水中可溶性钙盐和镁盐含量的高低，人们通常将水分为硬水和软水。水的总硬度是指钙盐和镁盐的总量，包括暂时硬度和永久硬度两部分。以硫酸盐、硝酸银和氯化物形式存在的钙盐和镁盐不能借煮沸生成沉淀被除去，因此称为永久硬度。以酸式碳酸盐存在的钙盐和镁盐，在加热煮沸时分解，形成碳酸盐沉淀而被除去，称为暂时硬度。

1L 水中钙镁离子的总和相当于 10mg 氯化钙，称之为 1 度。这样根据硬度的大小，就可以把水分成硬水与软水等：8 度以下为软水，8～16 度为中水，16 度以上为硬水，30 度以上为极硬水。

有关水硬度最常见的表象可能就是硬水中的钙镁离子妨碍肥皂的清洗效果。就是说，Ca^{2+} 和 Mg^{2+} 与肥皂反应，生成不溶于水的浮垢。

软化水的方法主要有：石灰 - 苏打法，加入定量的 $Ca(OH)_2$ 和 Na_2CO_3，使之形成碳酸盐析出；磷酸盐法，对于锅炉用水，可加入 Na_2HPO_3 进行软化；离子交换法，利用交换树脂进行水的软化。

小知识　　水硬度的测定可采用 EDTA 滴定的方法进行：取 100.0mL 自来水水样于 250mL 锥形瓶中，加入 5mL $NH_3 \cdot H_2O$–NH_4Cl（pH=10）缓冲溶液，2 ~ 3 滴 0.5% 铬黑 T 指示剂。用 0.01mol/L 的 EDTA 标准溶液进行滴定，溶液由酒红色变为纯蓝色时，即为终点。

水为什么能溶解很多物质？

水分子是极性分子，其中氧原子的部分有略微的负电性，而氢原子的部分有略微的正电性，水能够溶解众多种类物质的秘密与水分子具有极性相关。当将离子化合物的固体样品置于水中时，极性水分子被各单个离子所吸引，即带正、负电荷的阳、阴离子分别吸引水分子中氧原子上的部分负电荷及氢原子上的部分正电荷，其结果就导致固体中阴阳离子间的吸引力逐渐减弱，离子与水分子间强有力的吸引将离子从固体中拉向溶液，使固体溶解。另外，由于水中存在一定量的 H^+ 和 OH^-，这两种离子都能够通过静电引力与其他离子结合，形成稳定的水合离子。对于非离子型化合物，溶解性的普遍性规律是相似相溶。例如共价化合物乙醇（C_2H_5OH）为极性分子，分子中的 –OH 基团可与 H_2O 形成氢键，它们能以任意比例互溶。蔗糖分子同样因含有 –OH 基团而易溶于水。水分子间可形成氢键是其能够溶解大量不同种类的物质的原因之一。

为什么高压可促使大量的 CO_2 溶解于水，形成 pH 约为 4.7 的碳酸水或"苏打水"？

加压进入饮料中的 CO_2，一旦瓶中的压力被释放，就会聚集成微小气泡逃逸出去。不过，水分子间的氢键作用、黏度等不利于单独 CO_2 的逸散，CO_2 需在成核位置聚集，形成较大的 CO_2 气泡后，才能够逃逸出液体。成核位置在两相（固相、液相或气相）物质相互接触的地方。

苏打水、啤酒或香槟等液体中都有通过加压溶入的 CO_2，因此，当打开瓶盖后，立刻有气泡生成，将液体倒入杯中则有泡沫冒出来。如果将苏打水或香槟等在 32℃ 左右的气温下放置数小时，然后开盖并加入 10 粒左右表面粗糙的

固体糖豆，则可形成壮观的喷泉。表面凹凸不平且易溶的固体糖豆可以促进 CO_2 聚集、释放。

物质被溶解时，通常发生两种过程：一种是溶质分子（或离子）的扩散作用，该过程有吸热现象，是物理过程；另一种是溶质分子（或离子）和水分子作用，形成水合分子（或水合离子）的过程，该过程放出热量，是化学过程。物质溶解时，当吸收的热量大于放出的热量时，溶液的温度会下降，例如 NH_4NO_3、$KClO_3$ 溶于水。当吸收的热量小于放出的热量时，溶液的温度会升高，例如浓硫酸、NaOH 溶于水。当吸收的热量等于放出的热量时，溶液的温度保持不变，例如 NaCl 溶于水。

水的化学性质

重水：由氢同位素氘和氧组成的 D_2O 称为重水，在核反应堆中作减速剂，NMR 测试中用作参比等。

超重水：氚与氧构成的 T_2O 化合物，具有很强的放射性。

众所周知，水分子（H_2O）由一个氧原子和两个氢原子组成（质量百分比为 88.89% 和 11.11%）。然而，在自然界中，氢和氧都有稳定的同位素，氢有 ^1H（氕）、^2H（D，氘）、^3H（T，氚），氧有 ^{16}O、^{17}O、^{18}O（^4H、^5H 和 ^{14}O、^{15}O 都属于半衰期极短的放射性同位素，可不予考虑）。因此纯水中，除了常见的 H_2O 外，还有 17 种同位素变体，由氘构成的重水 D_2O 具有重要的应用价值（密度比普通水要高 10% 以上）。实际上，天然水中"H_2O"占 99.75%，含重氧的水占 0.18%，含重氢的水占 0.017%。

水分子相当稳定，热分解温度高达 2000℃以上。不过，通电条件下，水能被电解：

$$2H_2O \xrightarrow{\text{通电}} 2H_2\uparrow + O_2\uparrow$$

水溶液中会有一小部分发生自解离作用：$H_2O \rightleftharpoons H^+ + OH^-$，这样水中就产生了相同数量的氢离子和氢氧根离子。298.15K 时纯水的离子积 $K_w = 1 \times 10^{-14}$。pH 是水质指标之一（$pH = -\log[H^+]$），纯净水是中性的，因此室温条件下纯水的 pH 值为 7.0。生活用水的 pH 一般限定在 6.5～8.5 之间。正常雨水的 pH 约为 5.3，酸雨的 pH 值要低得多。

由于 H^+ 的半径很小，溶液中不存在这样的裸离子，而是以水合离子的形式存在，如 H_3O^+、$H_5O_2^+$，甚至 $H_7O_3^+$、$H_9O_4^+$ 等。

活泼的碱金属（例如钠、钾等）与水接触发生反应，水表现出氧化性：

$$2Na + 2H_2O == 2NaOH + H_2\uparrow$$

金属释放电子，产生热量。释放出的电子攻击水分子，产生氢原子，然后形成氢气。当电子从金属表面逃逸出去，留下带有正电荷的离子，它们之间互相排斥从而形成尖端。当金属表面不断地积聚电子时，在足够的蒸气可以抑制这些反应之前，所积聚的热量足以使氢气燃烧，甚至爆炸。

煤炭高温下与水反应，生成水煤气：

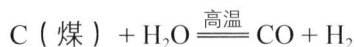

$$C（煤） + H_2O \xrightarrow{高温} CO + H_2$$

该反应表明，高温燃烧的煤炉中，喷洒少量的水，反而会让燃烧更加旺盛。

水是两性物质，参与化学反应时既有氧化性，又有还原性。如在与单质氟的反应：

$$2H_2O + 2F_2 == 4HF + O_2\uparrow$$

水与活泼金属的氧化物、大多数酸性氧化物以及某些不饱和烃发生水化反应：

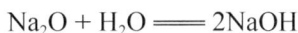

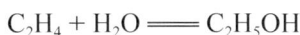

$$Na_2O + H_2O == 2NaOH$$
$$SO_3 + H_2O == H_2SO_4$$
$$C_2H_4 + H_2O == C_2H_5OH$$

水解反应也是十分常见的一类化学反应：

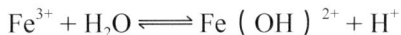

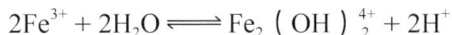

$$Mg_3N_2 + 6H_2O == 3Mg（OH）_2\downarrow + 2NH_3\uparrow$$
$$PCl_5 + 4H_2O == H_3PO_4 + 5HCl$$
$$Fe^{3+} + H_2O \rightleftharpoons Fe（OH）^{2+} + H^+$$
$$Fe（OH）^{2+} + H_2O \rightleftharpoons Fe（OH）_2^+ + H^+$$
$$Fe（OH）_2^+ + H_2O \rightleftharpoons Fe（OH）_3\downarrow + H^+$$
$$2Fe^{3+} + 2H_2O \rightleftharpoons Fe_2（OH）_2^{4+} + 2H^+$$
$$CH_3COOC_2H_5 + H_2O \xrightarrow{\triangle, 催化剂} CH_3COOH + C_2H_5OH$$

水合作用主要是通过配位键、氢键产生的，如白色的固体硫酸铜粉末遇水后形成蓝色的五水合硫酸铜：

$$CuSO_4 + 5H_2O \Longrightarrow CuSO_4 \cdot 5H_2O$$

$CuSO_4 \cdot 5H_2O$ 中所含水称为结晶水，其中有 4 个水分子直接与 Cu^{2+} 配位，另一个水分子则通过形成氢键与 SO_4^{2-} 结合。含结晶水的化合物在加热时，其脱水过程一般是分步进行的：

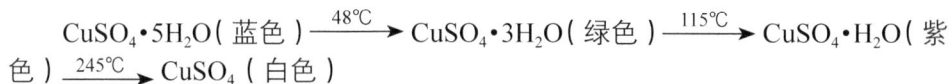

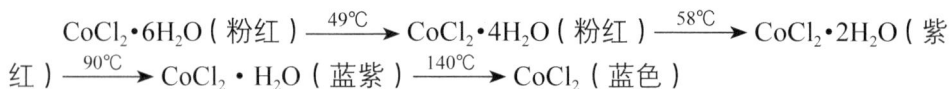

$CuSO_4 \cdot 5H_2O$（蓝色）$\xrightarrow{48℃}$ $CuSO_4 \cdot 3H_2O$（绿色）$\xrightarrow{115℃}$ $CuSO_4 \cdot H_2O$（紫色）$\xrightarrow{245℃}$ $CuSO_4$（白色）

$CoCl_2 \cdot 6H_2O$（粉红）$\xrightarrow{49℃}$ $CoCl_2 \cdot 4H_2O$（粉红）$\xrightarrow{58℃}$ $CoCl_2 \cdot 2H_2O$（紫红）$\xrightarrow{90℃}$ $CoCl_2 \cdot H_2O$（蓝紫）$\xrightarrow{140℃}$ $CoCl_2$（蓝色）

形成结晶水合物的现象十分普遍，如明矾——$KAl(SO_4)_2 \cdot 12H_2O$，摩尔盐——$(NH_4)_2Fe(SO_4)_2 \cdot 6H_2O$，绿矾——$FeSO_4 \cdot 7H_2O$，芒硝——$Na_2SO_4 \cdot 10H_2O$，泻盐——$MgSO_4 \cdot 7H_2O$ 等。

水滴和气泡

水滴与气泡有很多相似之处：它们都呈典型的球形，都是透明的，都可以在水面之上或者之下存在；它们都被一层膜所包裹，气泡中，可以清晰地观察到这层膜的存在（见图 4-2）。

若水滴外界有很高的蒸气压，一定条件下的水滴便不会增大，而会逐渐地蒸发掉。在饱和或过饱和蒸气中的水滴，如果它的半径足够大，那么周围的水蒸气就会逐渐凝聚到这个水滴上，于是水滴也就逐渐地变大。降雨前夕，外界蒸气压增高，微型水滴通过互相碰撞逐渐结合成越来越大的水滴，当空气的浮力和运动的阻力承受不了水滴的重量时，它们就向地面掉下来，成为了雨滴。

由于水的表面张力很大，当水形成液滴状时，会产生所有分子聚拢的趋势，使得水滴变成球状。而球形的表面张力是相等的，当水滴下落时，它底部的表面会受空气阻力的影响而变平，但是它的顶部还是球状的，从而形成了椭球状的雨滴。

水与水的混合过程应该是瞬时的，然而如果用一个滴管向一盘水里滴水，水滴在与盘里的水混合之前往往在水面上漂浮一段时间（可达几十秒）。雨天，房檐上的水滴到地面的小水坑里的时候也存在同样的现象，是什么推迟了水与水之间的自然结合呢？

如果某种材料上的水滴更接近球形，那么这种材料会被归类为疏水性材料；如果水滴扩散开，那么这种材料会被归类于亲水性材料。荷叶特殊的结构使其成为超疏水材料，滴在荷叶上的水，多呈球形，水滴会从荷叶上滑落。中科院化学所江雷研究组制备出了具有类似微观结构的薄膜，生产出了纳米自清洁领带和自清洁的瓷砖、玻璃等。

如果不小心将水银温度计打破，液态的水银珠子会像轴承里的滚珠一样满地乱蹦。将不同大小的水银珠子赶到一块，则大的水银珠子会不断吞噬着其他小个儿的珠子，直到最后重新汇聚成一颗银色的"扁豆"，水银珠子这种聚集是其巨大表面能作用的结果。

在烧水的过程中，随着温度的升高，水中会出现一些小气泡，并很快消失。随后水中出现更多的大气泡，它们会在水面破裂，将水蒸气释放到空气中，水已经烧开了。当尺寸相近的几个小气泡融合成一个较大的气泡的时候，新气泡的壳会更厚些，可以承受更大的压力而不会破裂。这也许可以解释为什么体积很小的气泡的存在都很短暂（因此很难被发现），更易发现大一些的气泡。

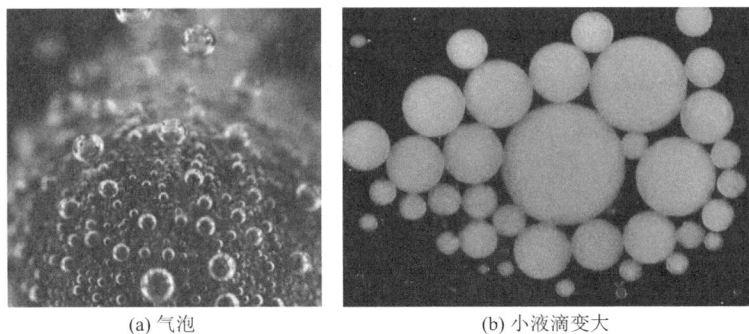

(a) 气泡   (b) 小液滴变大

图4-2　气泡和液滴

趣味实验

趣味实验应在实验室中进行，并由老师指导完成。同学们在实验过程中要严格遵守实验操作规范，保证人身安全。

实验1 晴雨花

一、实验药品及器材

氯化钴饱和溶液、彩色包装纸、纸巾、剪刀、细铜丝、棉线等。

二、实验操作

实验操作见图 4-3。

1. 用纸巾折叠几朵盛开的花朵，用细铜丝将其固定，下衬彩色包装纸。
2. 将纸花浸入 $CoCl_2$ 饱和溶液中（全部浸湿），烘干。
3. 将制作的纸花放在教室的窗台或家中书桌上，观察纸花的颜色变化。

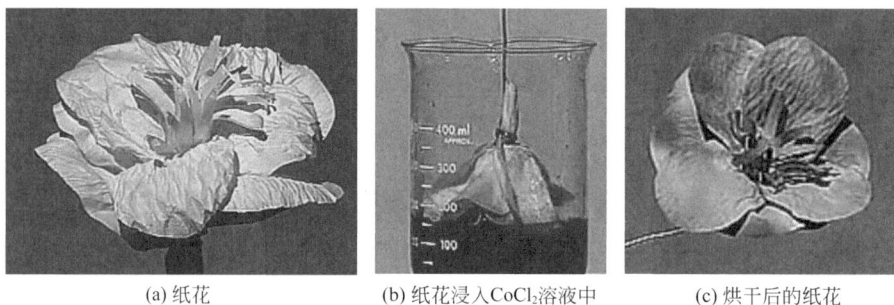

(a) 纸花   (b) 纸花浸入$CoCl_2$溶液中   (c) 烘干后的纸花

图4-3　实验操作

三、实验现象

如果天气晴朗，纸花的颜色保持蓝色不变；当纸花的颜色变为紫红色，表示阴天；当纸花变为粉红色，则表示即将下雨或是雨天（见图 4-4）。

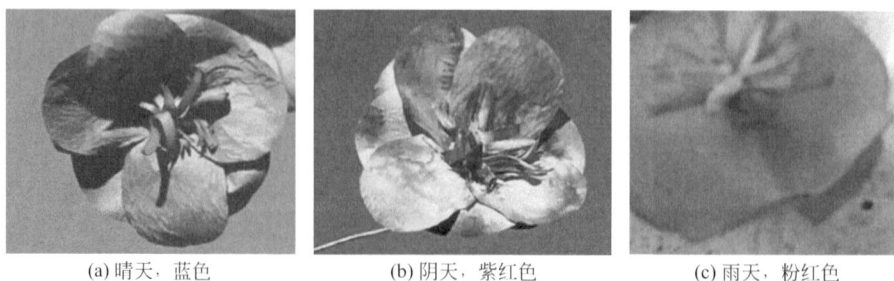

(a) 晴天，蓝色   (b) 阴天，紫红色   (c) 雨天，粉红色

图4-4　实验现象（一）

四、实验原理

氯化钴因含结晶水数目不同而呈现出不同的颜色，无水氯化钴（$CoCl_2$）为蓝色，$CoCl_2 \cdot H_2O$ 为蓝紫色，$CoCl_2 \cdot 2H_2O$ 为紫红色，$CoCl_2 \cdot 4H_2O$ 为粉红色，$CoCl_2 \cdot 6H_2O$ 为浅粉红色。

$$CoCl_2 \cdot 6H_2O（粉红）\xrightarrow{322K} CoCl_2 \cdot 4H_2O（粉红）\xrightarrow{331K} CoCl_2 \cdot 2H_2O（紫红）\xrightarrow{363K} CoCl_2 \cdot H_2O（蓝紫）\xrightarrow{413K} CoCl_2（蓝色）$$

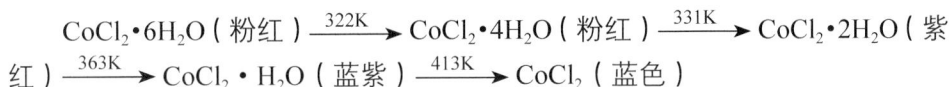

空气湿度高低直接影响到氯化钴所含结晶水的变化，因此可根据纸花颜色的变化，预测天气的阴晴。

变色硅胶干燥剂的变色与纸花的变色原理完全相同。

实验2 化学花园实验

一、实验药品及器材

20% 硅酸钠溶液，氯化钙、氯化铜、氯化铁、氯化钴、氯化镍、硫酸铜、硫酸亚铁、硫酸锰、硫酸镍、硫酸锌、硝酸钴、硝酸铬等晶体；100mL 烧杯、镊子等。

药品颜色：$CaCl_2$ 白色，$CuCl_2$ 浅蓝绿色，$FeCl_3$ 棕黄色，$CoCl_2$ 深蓝色，$CrCl_3$ 深绿色，$NiCl_2$ 浅绿色，$CuSO_4$ 蓝色，$FeSO_4$ 浅绿色，$MnSO_4$ 肉色，$NiSO_4$ 绿色，$ZnSO_4$ 白色，$Co(NO_3)_2$ 深蓝色，$Cr(NO_3)_3$ 深绿色。

二、实验操作

1. 将 20% 的硅酸钠溶液沿着烧杯内壁缓慢倒入，液面高度不超过容器的 2/3。

2. 用镊子轻轻分别将各种无机晶体盐（黄豆粒大小）加入 20% 硅酸钠溶液的不同位置处，观察各种晶体盐的生长情况（见图 4-5）。

三、实验现象

晶体盐与硅酸钠溶液接触后，先生长成芽状，有的向上生长，有的斜向生长。有的生长较快些（钙盐、铁盐、锰盐等），有的生长较慢（铜盐、钴盐等），有的生长纤细些。硅酸钙像白色的钟乳石柱，硅酸铜和硅酸镍像绿色的小丛，硅酸钴像蓝色的海草。形状各异、五彩缤纷的硅酸盐构成了"水中花园"

（见图 4-6）。

图4-5　加入多种无机晶体盐的硅酸钠溶液

图4-6　实验现象（二）

四、实验原理

可溶性无机金属盐的晶体加入硅酸钠溶液中时，其与液体的接触面形成半透膜，即在盐的四周形成了一层半渗透膜。由于在膜内部的溶液浓度较高，水不断渗入膜内，同时金属盐类的晶体跟硅酸钠溶液形成有色金属硅酸盐沉淀。渗透作用使得固体盐周围所形成的薄膜破裂（膜破裂是由于渗透至薄膜内水的压力所致）。胀破半透膜使无机盐又与硅酸钠接触，生成新的胶状金属硅酸盐，新的半透膜随之形成。当上述过程反复进行后，其结果就是晶体在溶液中不断向上生长，生成类似芽状或树枝状的各种有色金属硅酸盐，形成美丽的"水中花园"。

$$CaCl_2 + Na_2SiO_3 === CaSiO_3（白色）\downarrow + 2NaCl，$$
$$CuCl_2 + Na_2SiO_3 === CuSiO_3（绿色）\downarrow + 2NaCl$$
$$MnCl_2 + Na_2SiO_3 === MnSiO_3（粉红色）\downarrow + 2NaCl，$$
$$2FeCl_3 + 3Na_2SiO_3 === Fe_2（SiO_3）_3（棕褐色）\downarrow + 6NaCl$$

$$CoCl_2 + Na_2SiO_3 \xlongequal{\quad\quad} CoSiO_3（蓝紫色）\downarrow + 2NaCl,$$

$$NiCl_2 + Na_2SiO_3 \xlongequal{\quad\quad} NiSiO_3（绿色）\downarrow + 2NaCl$$

$$CuSO_4 + Na_2SiO_3 \xlongequal{\quad\quad} CuSiO_3（绿色）\downarrow + Na_2SO_4,$$

$$ZnSO_4 + Na_2SiO_3 \xlongequal{\quad\quad} ZnSiO_3（白色）\downarrow + Na_2SO_4$$

$$2CrCl_3 + 3Na_2SiO_3 \xlongequal{\quad\quad} Cr_2（SiO_3）_3（深绿色）\downarrow + 6NaCl,$$

$$FeSO_4 + Na_2SiO_3 \xlongequal{\quad\quad} FeSiO_3（浅绿色）\downarrow + Na_2SO_4$$

$$MnSO_4 + Na_2SiO_3 \xlongequal{\quad\quad} MnSiO_3（粉红色）\downarrow + Na_2SO_4,$$

$$NiSO_4 + Na_2SiO_3 \xlongequal{\quad\quad} NiSiO_3（翠绿色）\downarrow + Na_2SO_4$$

$$Co（NO_3）_2 + Na_2SiO_3 \xlongequal{\quad\quad} CoSiO_3（蓝紫色）\downarrow + 2NaNO_3$$

$$2Cr（NO_3）_3 + 3Na_2SiO_3 \xlongequal{\quad\quad} Cr_2（SiO_3）_3（深绿色）\downarrow + 6NaNO_3$$

五、注意事项

硅酸盐刚开始形成时比较脆弱，尽量不要移动烧杯。由于硅酸盐的生长速度所限，反应需要相对较长时间，可静置两三天，使其反应生长充分。

扩展阅读

将"水中花园"实验中的难溶物的生长方向由下往上生长改为由上往下生长，用磷酸盐等作生长液，实验效果会更加奇特壮观。

实验3　炫彩魔动

一、实验药品与器材

0.5% 荧光素乙醇溶液，0.5% 亚甲基蓝乙醇溶液，0.5% 品红乙醇溶液，0.5% 溴甲酚绿乙醇溶液，1∶1 洗洁精溶液，纯牛奶。培养皿（ϕ12cm），100mL 烧杯，10mL 量筒，玻璃棒。

二、实验操作

1. 向 100mL 烧杯中倒入约 50mL 纯牛奶，用量筒量取 5mL 1∶1 洗洁精溶

液，加入装有牛奶的烧杯中，用玻璃棒搅拌，使之混合均匀，然后倒入培养皿中。

2. 分别将 0.5% 荧光素乙醇溶液、0.5% 亚甲基蓝乙醇溶液、0.5% 品红乙醇溶液、0.5% 溴甲酚绿乙醇溶液依次逐滴滴加到盛有牛奶洗洁精混合液的培养皿中央，重复滴加各色素的乙醇溶液，至彩色图案扩散到培养皿的内壁。

3. 用手轻轻摇动培养皿，使彩色图案产生炫彩效果，然后向培养皿中不同位置滴加 2 ~ 3 滴 0.5% 荧光素乙醇溶液，再向荧光素图案中滴加 0.5% 溴甲酚绿乙醇溶液，观察实验现象，并用相机记录图案效果。

4. 重复上述操作，滴加不同的色素乙醇溶液，将产生不同图案效果。

三、实验现象

不断变化绚丽多彩的画面，色素乙醇溶液加入顺序和滴数的差异，将产生不同的色彩效果，见图 4-7。

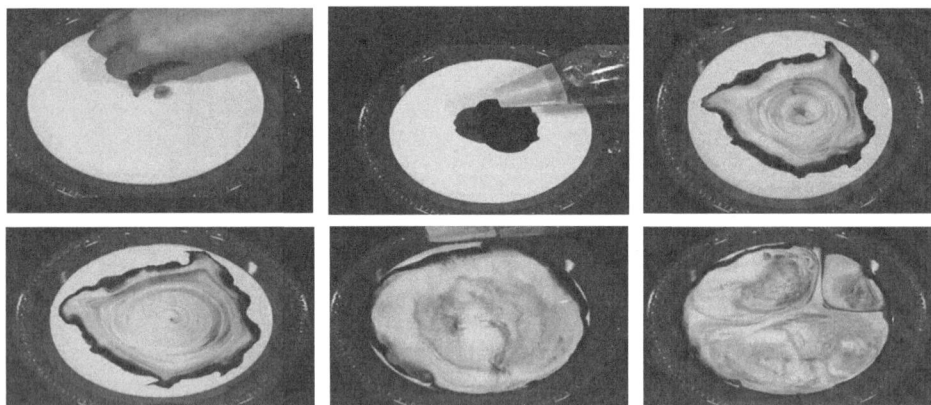

图4-7　实验现象（三）

四、实验原理

牛奶中含有油脂，牛奶液体表面有一层薄薄的油脂，油脂下面是水和悬浮于水中的各种成分。洗洁精是一种表面活性剂，既有亲水基，也有亲油基。洗洁精加入牛奶中，牛奶的油脂与洗洁精结合在其表面形成一层均一的油膜。由于色素乙醇溶液比牛奶液体密度小，加入的色素乙醇溶液漂浮在牛奶液体液面上，色素乙醇溶液的扩散速率比色素水溶液的扩散速率更快。当色素乙醇溶液滴在牛奶液体液面时，油膜形成一个空洞，其表面张力被破坏。以空洞为中心，色素乙醇溶液迅速向周围扩散。由于加入了不同颜色的色素，因此在牛奶液体液面上产生不同颜色的图案。各种图案的叠加效果宛如一幅动态的彩色抽象画。

五、注意事项

实验中使用的洗洁精溶液的用量不宜过大，与牛奶的体积比以（1∶10）～（1∶20）为宜。色素须用无水乙醇配制。

实验4　魔壶实验

一、实验药品和器材

5%的硫氰化钾溶液、3%的硝酸银溶液、苯酚溶液、饱和醋酸钠溶液、饱和硫化钠溶液、1mol/L的亚铁氰化钾溶液、40%的氢氧化钠溶液、10%的氯化铁溶液。烧杯、魔壶等。

二、实验步骤

1. 准备蒸馏水、5%的硫氰化钾溶液、3%的硝酸银溶液、苯酚溶液、饱和醋酸钠溶液、饱和硫化钠溶液、1mol/L的亚铁氰化钾溶液、40%的氢氧化钠溶液，各20mL备用。如图4-8，分别量取上述溶液各1mL，放入相应烧杯中。由于这些溶液都是无色的，量又少，所以烧杯看上去像是空的。

水　硫氰化钾溶液　硝酸银溶液　苯酚溶液　醋酸钠溶液　硫化钠溶液　亚铁氰化钾溶液　NaOH溶液

图4-8　实验操作（四）

2. 将8只烧杯并排放好，从事先准备好的盛有55mL 10%的氯化铁溶液的魔壶中，向各杯中依次倒入约6mL氯化铁溶液，观察各烧杯中出现的变化。

三、实验现象

向各烧杯中加入蒸馏水，稀释至20mL。各烧杯中依次呈现橘黄色、深红色、乳白色、紫色、褐色、墨绿色、青蓝色、红棕色，见图4-9。

认识奇妙的
化学

图4-9　实验现象（四）

在 $FeCl_3$ 溶液（酸性介质）中滴加 Na_2S 溶液，首先产生黑色沉淀：$2Fe^{3+} + 3S^{2-} = Fe_2S_3 \downarrow$（黑色），$K_{sp}(Fe_2S_3) = 1.0 \times 10^{-88}$。随着 Na_2S 溶液的不断加入，溶液变为浊黄色：$Fe_2S_3 + 4H^+ = 2Fe^{2+} + S \downarrow + 2H_2S \uparrow$；$2FeCl_3 + 3Na_2S = 2FeS \downarrow$（黑色）$+ S$（乳白或黄色）$\downarrow + 6NaCl$，$FeS + 2H^+ = Fe^{2+} + H_2S \uparrow$。

在 Na_2S 溶液（碱性介质）中滴加 $FeCl_3$ 溶液，生成的黑色 Fe_2S_3 沉淀不被溶解，若混合反应体系的 pH 适宜，还有可能发生反应：$3Na_2S + 2FeCl_3 + 6H_2O = 2Fe(OH)_3 \downarrow$（红棕色）$+ 3H_2S \uparrow + 6NaCl$；加上单质硫沉淀的呈色，反应液最终有可能呈现金黄色或浊白色，也有可能呈现出墨绿色或浅绿色等。

感兴趣的同学可参考文献❶，进行更深入的探究活动。

四、实验原理

氯化铁溶液与不同物质反应，生成物的颜色不同。

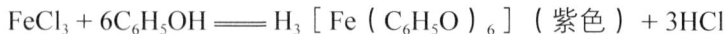

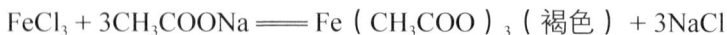

$$Fe^{3+} + (6-x)SCN^- = [Fe(SCN)_{6-x}]^{x-3}（红色）$$
$$FeCl_3 + 3AgNO_3 = 3AgCl \downarrow（乳白色）+ Fe(NO_3)_3$$
$$FeCl_3 + 6C_6H_5OH = H_3[Fe(C_6H_5O)_6]（紫色）+ 3HCl$$
$$FeCl_3 + 3CH_3COONa = Fe(CH_3COO)_3（褐色）+ 3NaCl$$

酸性介质中：

$$2Fe^{3+} + 3S^{2-} = Fe_2S_3 \downarrow（黑色）$$
$$Fe_2S_3 + 4H^+ = 2Fe^{2+} + S \downarrow + 2H_2S \uparrow（颜色由黑色\rightarrow黄绿色）$$
$$Fe^{2+} + S^{2-} = FeS \downarrow（黑色）$$
$$2Fe^{3+} + S^{2-} = 2Fe^{2+} + S \downarrow（乳白色）$$
$$2Fe^{3+} + 3S^{2-} + 4H^+ = 2Fe^{2+} + S \downarrow + 2H_2S \uparrow$$

❶ 吴星，吕琳，等 . 化学教育，2009，（5）：66～67；鲁古之 . 化学教育，1991，（6）：45～47；王敏，河北理科教学研究，2004，（3）：41；许瑞君，等 . 河北理科教学研究，2007，（3）：51～52.

碱性介质中：

$$2Fe^{3+} + 3S^{2-} = Fe_2S_3\downarrow（黑色）$$

$$2Fe^{3+} + 3S^{2-} = 2FeS\downarrow（黑色）+ S（乳白或微黄）$$

$$4FeS + 3O_2 + 6H_2O = 4Fe（OH）_3\downarrow + 4S\downarrow，溶液酸度的变化，导致FeS +$$

$$2Fe^{3+} = 3Fe^{2+} + S\downarrow反应发生$$

$$FeCl_3 + K_4[Fe（CN）_6] = KFe[Fe（CN）_6]（深蓝色）+ 3KCl$$

$$FeCl_3 + 3NaOH = Fe（OH）_3\downarrow（红棕色）+ 3NaCl$$

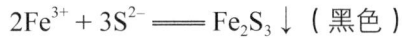

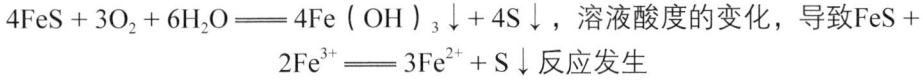

利用三价铁盐与硫氰化物反应生成血红色的现象，实现了一些影视剧中演员的流血或伤员身上抽鞭子出现的伤痕等特效。

第 5 章

固体材料

　　固体是具有一定的体积和几何形状的一类物质，与液体和气体相比，固体中微粒间的相互作用更为强大，因此密度最大。固体都有一定的硬度和强度，且固体的硬度随温度的升高而降低。绝大部分固体有热胀冷缩的性能；少部分固体则可能有热缩冷胀的性质，如金属铋在冻结时就会膨胀。

　　材料是人类赖以生存和发展的重要物质基础，是人类用以制造用于生活和生产的物品、器件、构件、机器以及其他产品的物质。固体材料若按照材料的特性和化学成分可以分为：无机非金属材料（陶瓷材料）、金属材料、有机高分子材料（合成材料）和复合材料 4 大类。如果根据固体材料组成结构是否有序可分为：晶体、非晶体和准晶体三大类。固体材料也可依据其来源而分为天然固体材料与人工合成固体材料等。

无机非金属材料

非金属元素：不具有金属的特性（如导电性、导热性、机械加工性等），原子的电离能较大，在化学反应中倾向于获取电子的一类元素。在所有的一百多种化学元素中，非金属元素占了 22 种。

无机非金属材料：除有机高分子材料和金属材料以外的所有材料，是以某些元素的氧化物、碳化物、氮化物、硼化物、卤素化合物以及硅酸盐、铝酸盐、硼酸盐、磷酸盐等物质组成的材料。无机非金属一般是共价键和离子键共同作用的结果。

晶体：在三维空间呈周期性重复排列的固体，这类固体具有固定的熔沸点、规整的几何外形、各向异性等。

矿物质：地壳中自然存在的化合物或天然元素，常指含有某种金属或其他具有经济价值材料的岩石和砂土等。

周期表中，非金属元素只有 22 种，但它们是构成整个物质世界大厦十分重要的成员。地球大气层组成中，主要是非金属元素中的氧、氮等；地壳的组成中，氧、硫、硅等是极为重要的成员，沙土、高山是由多种非金属元素参与形成的；动物和植物几乎都是由非金属元素构成的。固体无机材料（例如陶瓷、合金、石墨烯、光导纤维、沸石、高温超导体等）在现代高科技领域的重要性，怎么强调都不为过。

无机非金属材料可分为：传统陶瓷材料（水泥、玻璃、透明陶瓷）、先进陶瓷材料（结构陶瓷、功能陶瓷，陶瓷发动机，生物陶瓷，耐磨陶瓷等）、碳材料（石墨、金刚石、石墨烯、富勒烯、纳米管、无定形碳）、陶瓷复合材料（晶须材料、纤维）等。

土与三合土

土是早期人类对自然界某些化合物所组成物质的一种旧称，是尚未固结成岩的松软堆积物，一般为不溶于水的金属氧化物或复合氧化物水合物，如黏土主要成分为 $Al_2O_3 \cdot 2SiO_2 \cdot H_2O$ 或 $Al_2O_3 \cdot 2SiO_2 \cdot 2H_2O$，膨润土主要成分为 $Al_2O_3 \cdot 4SiO_2 \cdot H_2O$。土壤是指地球陆地表面具有一定肥力能够生长植物的疏松表层，其组成成分除多种氧化物外，还含有各种不同有机腐殖质等成分。由于不同地域的差异等，导致泥土的颜色差异很大，中国陆地的土壤颜色主要有红土地（南方）、黑土地（北方）、黄土地（黄河流域）等。岩石是多种矿石的集合体，分为沉积岩、变质岩和岩浆岩三大类，一定条件下经风化、侵蚀等可转化为砂土。

石器时代是人类文明最原始时期的总称。人类直系祖先"能人"发现了自然界中一些岩石不但具有较高的硬度和强度，而且部分石块还具有较为尖利的棱边，可用于狩猎，也可用于对其他一些材料（如一定粗细及长短的树木）进行简单的加工。天然石块的应用引发原始"智人"逐步学会将一些石块加工成为石斧、石片石刀（见图5-1）等。拥有边缘锋利的石刀就可切割动物较为结实的外皮和厚实的肉。这类简单原始工具的使用，极大提高了原始人类的生存技能，从而进入了旧石器时代的初期或早期。借助头部尖利的木棍作为狩猎的长矛武器，是南方古猿群体团结协作应对自然挑战的进步，也是人类进化的体现。经过较为漫长的定居生活，原始人不但驯养了一些动物，而且筛选出了部分的植物及粮食作物，有力地补充了原始狩猎与采集的局限，诞生了农业革命。

(a) 两面尖状石器　　　　　　　(b) 刮削石器

图5-1　原始工具示意图

远古时代，人类最早应该拥有短暂的树栖历史。不久之后，人类为躲避野兽袭扰及御寒避雨等需求就转为穴居生活，一开始可能是选择天然的岩洞（例

如，北京山顶洞人）为巢。随着族群数量的增加及周围范围可狩猎动物或可食用野果、根茎植物的不足等，原始智人不得不从丘陵、山地所在的天然洞穴转移到河湖附近临时性营地。他们有可能掘土凿石为洞，伐木搭竹为棚，搭建简易的遮阳避雨之所，最后形成定居地。

为防止野兽的侵扰伤害等，原始人不但采取群居的生活方式，而且学会了利用黏土垒砌土墙，构建城堡、土坯房等。但由于泥土难以经受雨水的冲刷、浸泡等，因此如何改善黏土的性能、提高土墙的耐水性，是原始人必须解决的一个实际问题。

糯米加固的城墙

中国古代先人发现黏土具有较强的黏合性，能够用于土屋或城墙的建造，版筑夯土建造的墙能够起到一定的防御作用，但坚固度不佳，易受水淹或打洞毁坏。公元 5 世纪前后，为修筑更加坚固的城防工事，工匠们发现了三合土建造的城墙，坚固程度显著提高。中国的三合土是由石灰、沙子、泥土（黄土、白灰、砂土）按一定比例混合均匀的产物，是中国版混凝土的雏形。

石灰是大量古今建筑不可或缺的基础材料。人类学会使用火后，逐步认识到加热含有碳酸钙的岩石［石灰石（$CaCO_3$）］，会得到一种白灰［即生石灰（CaO）］：$CaCO_3 \rule[0.5ex]{2em}{0.4pt} CaO + CO_2 \uparrow$

当在生石灰中加入水时，熟化反应发生了，生成了熟石灰 Ca（OH）$_2$，同时放出大量的热：

$$CaO + H_2O \rule[0.5ex]{2em}{0.4pt} Ca（OH）_2$$

熟石灰 Ca（OH）$_2$ 用于建筑后，它在吸收了空气中的 CO_2 之后会变硬（$CaCO_3$），增加了牢固度。

$$Ca（OH）_2 + CO_2 \longrightarrow CaCO_3 + H_2O$$

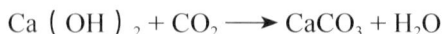

世界上所有的石灰岩都是由海生动物破碎的残骸所组成的，贝壳的主要成分就是碳酸钙。

糯米黏性很好，三合土中若添加一定量蒸熟的糯米或糯米浆，黏合性能必定能得到提高。为此，中国古人发明了糯米灰浆技术，就是将糯米浆及杨桃藤汁等倒入三合土中混合均匀，用于建造墓室或城墙，坚固度大大提高。位于陕西榆林靖边县的统万城遗址是采用蒸土筑城技术建造的大夏国都城（匈奴单于刘渊），该遗址全部为夯土建筑遗存。黏土中添加一定量的石灰、桐油或糯米浆等，夯实晾干，强度可显著增加，这是古代建墙造房采用的最为普遍的方法之一。南京城墙、北京故宫、荆州城墙的建造等，都采用了糯米灰浆作为城砖的黏合剂。某些地区也有用沥青（古代柏油的别称，美索不达米亚人造船业不可或缺的材料）作为黏结材料的，后来石膏（$CaSO_4 \cdot 2H_2O$）被用来做灰泥。古埃及人通过加热石灰石以及贝壳得到生石灰（CaO）和石膏，然后混合一定量的沙子和水，形成早期的混凝土材料。

混凝土

混凝土的使用要追溯到大约 9000 年前，在公元前 7000 年，以色列王国的加利利城就使用了简易的"混凝土"制作地板，当时的人使用煅烧的生石灰与砂子混合，在空气中缓慢硬化，最后居然也形成了强度优于单独黏土的地面。混凝土的学名是水合硅铝酸钙，其化学结构十分复杂。

古罗马人在吸收古埃及和古希腊人经验技术的基础上，利用维苏威火山所独有的火山灰（含有大量具有活性的氧化铝和氧化硅）与石灰、沙子、海水混合，这种新型的混凝土干后坚硬度更高。罗马混凝土技术的形成是古罗马能够建造大量规模宏伟建筑的基石，如罗马斗兽场（见图5-2）、庞贝大体积大剧院、万神殿等。约 118 年重建的罗马万神庙有着迄今为止仍然是世界上最大的无筋混凝土穹顶，穹顶半球形的直径达 43.3 米，历经两千多年的风雨侵蚀，至今依然保持完好，这是古罗马混凝土技术与罗马人艺术创造的极佳展现。混凝土是将水泥与沙子、砾石或碎石块与水混合形成的，它的结构与很多的沉积岩很像。砂子的主要成分是二氧化硅（SiO_2），它是岩石风化后经雨水冲刷或由岩石轧制而成的粒径 0.074～2nm 的粒料。大多数的沙漠、海滩、河滩都是砂子的主要来源，砂子主要用于建筑、修路、工业生产原料等。

图5-2　罗马斗兽场

传统陶瓷材料

人类由弱变强与人善于学习、信息共享密不可分，也与火的掌握利用、自然资源的合理运用相关，更是新材料不断发明应用的必然结果。陶器、瓷器、水泥、玻璃、半导体材料均与黏土或砂土相关，这类材料的运用与不断创新，是人类智慧的集中体现。

陶瓷

火是自然界中因闪电击中易燃烧的树木或野草、火山喷发或腐枝烂叶自燃等形成的，经过火烧过的黏土会变得坚硬耐水，因此石器时代的古人就开始有意识地对黏土进行加工，最后选择了以自然界天然存在的黏土、长石、石英（SiO_2）为原料，经过原料加工、制坯、成型干燥、烧结，得到强度显著增强的致密材料，称为陶器（最早出现距今约2.9万年）。原始陶器坚硬、遇水不会分散，不仅能够蒸煮食物或盛装和保存食物，而且出现了彩陶、蛋壳陶等具有美学追求的器皿。砖瓦的烧制是古代制陶业的拓展，因为它们易于制造且不怕风吹雨淋，是建造城墙、屋舍等的较好材料。

秦砖汉瓦体现的是中国古人就地取材、建造房舍都城、大型建筑的智慧，也是农业社会多样易塑性的反映。实际上，岩石的强度远高于黏土或砖瓦，且不怕雨淋水浸，是十分良好的建筑材料。但石材的开采、加工不易，建筑设计要求较高。西方的大型建筑多采用坚硬的石材建造，如玛雅古遗址建筑、埃及金字塔、希腊雅典奥林匹亚遗址、雅典卫城等。

当你看到楼房建筑中，有的是用红砖砌成的，有的则是用青砖砌成的，可曾想过为什么同样黏土的砖坯有的能烧成红砖？有的能烧成青砖呢？说来也简单，烧制砖瓦的黏土中含有二价铁盐，黏土做成砖坯，送到窑内大火烘烧，然后熄灭，自然冷却。此时窑内空气流畅，氧气充足，二价铁盐被氧化成三氧化二铁，由于三氧化二铁是红色，所以得到的就是红色砖瓦。

青色砖瓦是怎样烧制的呢？实际上，青色砖瓦的生产只是比红色砖瓦的生产多了一道工序。即待砖坯烧透后，将砖窑封闭，然后从窑顶向下不断淋水，当水遇到赤热砖瓦变成水蒸气时，烟煤产生的碳与水蒸气反应生成氢气和一氧化碳。这些还原性气体能把砖瓦中红色的氧化铁还原成黑色的氧化亚铁或四氧化三铁。同时，没有燃烧的黑色碳颗粒也渗入砖瓦黏土颗粒间隔之中，结果烧出来的砖瓦就呈青灰色的了。

金砖并非是用金子制成的砖，而是一种高质量的铺地方砖，敲击时可以发出宛若金属的声音。明清时期，金砖成为皇室的专用品，故宫中的重要宫殿都是用金砖铺地的。**画像砖**是用拍印或模印方法制成的图像砖，画像砖艺术在战国晚期至宋元时期的古代美术艺术园林中持续开放了十四五个世纪之久，汉画像砖最为多见。

陶器是人类文明最早的见证，是人类社会进步的标志之一，也是人类最早的生活伙伴之一。早期的陶器是生活用具，经历了无彩陶器到彩陶的艺术演进过程（见图 5-3、图 5-4），陶器不但成为艺术品，而且被用于宗教活动或仪式，甚至成为陪葬品的一部分。西安秦兵马俑，展现了秦朝的制陶技艺已相当高超。

图5-3 人头形器口彩陶瓶

图5-4 双耳尖底红陶瓶

图5-5 成化青花斗彩鸡缸杯

图5-6 元"鬼谷子下山"青花罐

瓷器是在釉陶的基础上，经过对坯料的改进及烧制温度的提升而制备的器皿（见图 5-5、图 5-6）。陶瓷是陶和瓷两种东西的合称。制造陶器的主要原料是黏土，是将黏土原料、熔剂原料等按一定配比制成器皿，然后在高温焙烧条件经过一系列的物理化学反应，形成坚硬的物质。制造瓷器的主要原料是高岭石［主要成分可表示为 $Al_4(Si_4O_{10})(OH)_8$］，普通陶瓷的原料由石英、长石、黏土（高岭土为主要成分之一）组成。

陶与瓷的区别主要有三点：陶器用陶土做胎，瓷器用瓷土做胎；烧制温度上，陶器一般 800 ～ 1000℃，瓷器一般高于 1200℃；陶器一般不施釉，少数施低温釉，瓷器基本上表面都施高温釉。

郭沫若先生有首词《西江月·颂陶》，赋予了陶瓷生命繁衍的品格。"土是有生之母，陶为人所化生，陶人与土配成双。天地阴阳酝酿，水火木金协调，宫商角徵交响。汇成陶海叹汪洋，真是森罗万象。"

陶器的制造工艺可以追溯到 2 万年以前，世界多地均出土过富有地域特色的陶器，说明陶器的发明、使用较为广泛，难度相对不高。瓷器作为中国古代先人最伟大的发明，其专有的制瓷技术在全世界领先近 1700 年之久。瓷器制品既是生活用具，又是精美艺术观赏品。

由于中国瓷器独有的制备技术与独特的实用性、艺术观赏性使之远销世界各地，欧洲人对中国瓷器的印象极为深刻，中华瓷都景德镇唐朝时称为昌南镇（阊江之南），昌南发音与"China"相近，因此 China 既代表中国，又代表瓷器。

陶瓷不但是中华民族古代最为璀璨的发明之一，影响悠久。产业革命发生后，陶瓷原料大力开发，技术革新不断出现，首先发展出各种耐火材料应用于冶金行业；其次在建筑、日用陶瓷材料上获得发展；19 世纪电力产业形成后，发展出电绝缘陶瓷，化学工业的发展带动了化工陶瓷等新品种的出现。

按照陶瓷的化学成分不同，可将陶瓷分为氧化物陶瓷、碳化物陶瓷、氮化物陶瓷、硼化物陶瓷等。陶瓷结构中既有晶体结构，也有玻璃态结构，还有微小的气孔存在。

水泥

水泥是一种加入适量水后能在空气中、水中硬化，并能把砂、石等材料牢固地胶结在一起的水硬性凝胶材料。水泥也是无机材料中用量最大、对人类生活影响最显著的建筑工程材料。

随着航海业的快速发展，建造导航灯塔的迫切性显而易见。英国工程师斯密顿在建造导航灯塔时选用罗马砂浆作为黏合剂，只不过所用石灰中掺杂有约 2% 的黏土，制备的砂浆黏合性能优于罗马砂浆，且防海水侵蚀及冲刷性能更好，被称为水硬性罗马砂浆。1756 年，斯密顿在研究石灰在水中硬化行为时发现：要获得水硬性石灰必须采用含黏土的石灰石烧制，这个重要发现为近代水泥研制奠定了理论基础。

1796 年，英国工匠 J. 帕克用泥灰岩烧制出一种外观呈棕色的水泥，称为罗马水泥。该类水泥具有良好的水硬性和快凝性，特别适于水接触工程。它为欧洲城市快速发展，奠定了基础。

1813 年，法国技师毕加发现了石灰和黏土按三比一混合可制成水泥。

1824 年，英国工匠约瑟夫·阿斯普丁发明的波特兰水泥（硅酸盐水泥）才真正实现了"物美价廉"：水硬性好、强度高、原料丰富、价格便宜，堪称无机非金属材料领域最重大的发明。阿斯普丁父子严守水泥材料配方，所建造的水泥厂获利丰厚，满足了英国大型公共建筑建造所需的建筑材料。

虽然阿斯普丁发明的波特兰水泥受到市场的广泛欢迎，但因所生产的水泥质量并不十分稳定。1845 年，强生终于确定了现代水泥生产的两个要素：一是在烧窑的时候，温度必须保持在 1300 ～ 1400℃以上；二是原料比必须正确而且固定，烧成物内部不得含有过量的石灰。

1887 年，法国科学家亨利发现了水泥的真实组分。

进入 19 世纪后，随着大量的工业与民用建筑的兴建，急需大量新的凝胶材料。曾经使用过的建筑材料已跟不上需求，各国竞相开发新型的建筑材料，尤其是耐水建筑材料。

硅酸盐水泥（一般简称"水泥"）是将硅铝酸盐（如黏土、页岩或沙子）和石灰石等矿物原料一起研磨，然后将混合物在水泥转窑中加热至 1450℃烧结。窑的低温区（900℃）首先发生的重要反应是石灰石的煅烧（$CaCO_3 \Longrightarrow CaO + CO_2 \uparrow$），更高温度时氧化钙与硅铝酸盐和硅酸盐发生反应，生成熔融的 Ca_2SiO_4、Ca_3SiO_5 和 $Ca_3Al_2O_6$。混合物冷却后固化形成叫作"熟料"的产物，将烧结料添加一些石膏等辅料，经过球磨等即成水泥。硅酸盐水泥的主要成分为：CaO（约占总重量的 62% ～ 67%）、SiO_2（20% ～ 24%）、Al_2O_3（4% ～ 7%）、Fe_2O_3（2% ～ 5%）等。白水泥以硅酸钙为主要成分，大量减少 Fe_2O_3 等着色化合物的含量，同时加入适量的石膏，经磨成细粉而制得。

水泥遇水时发生复杂的水合反应生成 $Ca_3Si_2O_7 \cdot H_2O$、$Ca_3Si_2O_7 \cdot 3H_2O$ 和 $Ca(OH)_2$ 等。

$3CaO \cdot SiO_2 + 2H_2O \Longrightarrow 2CaO \cdot SiO_2 \cdot H_2O + Ca(OH)_2$

$2CaO \cdot SiO_2 + H_2O \Longrightarrow 2CaO \cdot SiO_2 \cdot H_2O$

$2(3CaO \cdot SiO_2) + 6H_2O \Longrightarrow Ca_3Si_2O_7 \cdot 3H_2O + 3Ca(OH)_2$（水化反应较快）

$2(2CaO \cdot SiO_2) + 4H_2O \Longrightarrow Ca_3Si_2O_7 \cdot 3H_2O + Ca(OH)_2$（水化反应较慢）

$3CaO \cdot Al_2O_3 + 6H_2O \Longrightarrow 3CaO \cdot Al_2O_3 \cdot 6H_2O$　　　（水化反应最快）

$4CaO \cdot Al_2O_3 \cdot Fe_2O_3 + 7H_2O \Longrightarrow 3CaO \cdot Al_2O_3 \cdot 6H_2O + CaO \cdot Fe_2O_3 \cdot H_2O$

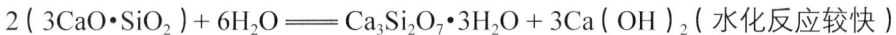

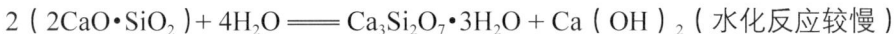

（水化反应较快）

经过水化溶解期后，水泥颗粒与水形成的水化物先后以胶体状态析出，最后发展成为网状絮凝结构的凝胶体。随着凝胶体逐渐变稠，水泥浆慢慢失去塑性，从而表现为水泥的凝结。

水泥硬化的过程是在水泥颗粒表面凝胶体逐渐干涸、脱水而趋于紧密，同时氢氧化钙及水化铝酸钙也由胶质状态转化为稳定的晶体状态。由于水泥中所含有的氧化物及痕量的硫酸钠和硫酸钾等在水合过程中形成氢氧化钠和氢氧化钾。氢氧化物参与了与集料发生一系列复杂反应，生成碱性硅酸盐胶体。这种胶体易吸潮，吸水后发生膨胀，会造成混凝土开裂和变形。可添加一定量的燃煤电厂酸性粉尘，降低这种不利影响。

水泥是具有水硬性的凝胶材料，在水泥的凝结、硬化过程中，水泥中的硅铝酸盐、硫酸钙等各种成分发生了多种水合反应，生成多种水合物。水泥水化过程中速率最快的是铝酸钙，在高标号的优质水泥中，硅酸三钙含量较高。水泥标号的高低体现的是水泥质量的高低，标号越高也就是水泥的强度越高，质量越好。800 号水泥为高强度快硬水泥，用于紧急工程和水下建筑等。一般民用建筑多采用 200 号、300 号低标号水泥。

通过调整制造水泥的原料成分和比例、添加某些其他原料等工艺手段，可制造快硬水泥、膨胀水泥、彩色水泥、白水泥等。由于磷酸盐水泥能够快速凝固，所以常常用来抢修混凝土公路、机场跑道、桥梁和码头等。例如，磷酸镁、磷酸铵水泥。

五颜六色的水泥

含有金属化合物的硫酸钡白水泥。含有铬酸铝黄灿灿的黄水泥；含氧化铬的翠绿水泥；含氧化钒的红艳艳的红水泥。水泥中加入二氧化钴，气候干燥时是蓝色的，空气渐湿时变成紫色，当它吸足了水分就变成玫瑰红色调。色彩水泥在国外一些高级建筑物上使用，天气晴朗时呈蓝色，山雨欲来时呈现紫色，大雨滂沱时呈现出玫瑰色，十分美丽壮观。

水泥是应用范围最为广泛的无机建造材料。随着新时期技术进步产生新的需求，医用水泥、纤维水泥、防辐射水泥、泡沫水泥等不断出现。泡沫水泥不但有优异的防水、防火、防渗透性能，而且隔热性也十分突出（热阻是普通水泥的数十倍），是优良的建筑防火保温材料。

玻璃

玻璃是具有固体性质和结构特征的透明非晶体物质，没有固定的熔点。玻璃具有各向同性、均匀性、无固定形态等特点。玻璃广泛用于制作镜子、玻璃工艺品、玻璃器皿等。

第一个掌握玻璃制作文明的很可能是古埃及人，时间大约在公元前 3 世纪中叶。它可能是制陶过程中无意间将天然碱与石英砂混合后焙烧的偶然发现，因为一定配比的纯碱或石灰石在熔融状态下与 SiO_2 发生复杂的反应，主要反应是：$Na_2CO_3 + SiO_2 \xrightarrow{\text{高温}} Na_2SiO_3 + CO_2 \uparrow$，$CaCO_3 + SiO_2 \xrightarrow{\text{高温}} CaSiO_3 + CO_2 \uparrow$。

在公元前 2000 年左右，古埃及已有制作玻璃装饰品和简单器皿的纪录，当时只能制作带天然色彩的玻璃。大约 4 世纪初，威尼斯人发明了玻璃镜制作技术工艺，罗马人将玻璃应用在门窗上，充分体现了玻璃特有的装饰、挡风遮雨、透光的特性与作用。

扩展阅读))

传说最早的玻璃镜子是威尼斯人发明的，他们在透明或有色玻璃基板的表面镀一层金属涂层（锡和水银的混合物）。直到 1843 年，德国科学家发明了用化学镀银工艺制作玻璃镜子的方法，才消除了水银蒸气在制作过程中的毒害作用。20 世纪 70 年代，科学家又发明了镀铝的玻璃镜子生产工艺 ❶。

公元前 1000 年左右，中国已能制造出无色的玻璃釉，作为瓷器的外衣。选用五色石经高温烧制得到铅钡玻璃，古人称之为琉璃，主要用于制作鼻烟壶等把玩工艺品。琉璃的强度不如瓷器，颜色及器形变化等更是无法与中国瓷器媲美，因此，古代中国在玻璃制作工艺上关注甚少。

1874 年，比利时人首先研发了拉制平板玻璃。1913 年，垂直引上法制作透明平板玻璃技术，但因重力影响可能导致所制备的玻璃厚薄不均。1916 年，平拉法制备玻璃技术工艺形成，解决了玻璃厚薄均匀的技术难题。1953 年，英国皮尔金顿发明了浮法玻璃生产工艺，大块平板玻璃实现真正工业化生产。随后，美国匹兹堡公司通过技术攻关，制出平板玻璃拉出机，成为世界上掌握浮法玻璃生产技术的第二大国。我国于 1971 年 9 月 23 日在洛阳玻璃厂正式成功生产出第一块浮法玻璃，成为世界上掌握浮法玻璃生产技术第三大国。

---

❶ 干福熹，等．中国古代玻璃技术的发展，上海：上海科学技术出版社，2016.

浮法玻璃的灵感来自于油在水面上的平铺展开，皮尔金顿浮法玻璃生产就是将冷却到 1100℃ 的玻璃熔液从玻璃熔窑冷却进入装有金属锡的槽中，用电加热所要求的温度，为了阻止锡的表面氧化，在锡槽空间充满一定比例的氮气和氢气，液态玻璃在自身重力的作用下铺开，出炉以后，制成成品。浮法玻璃工艺早期只能制造出 6mm 厚的玻璃。

浮法玻璃工艺技术能够大规模工业化生产出大尺寸、均匀平整、强度高的平板玻璃，不但满足了高楼玻璃外墙或窗玻璃的需求，而且为各种用途和各种性能的玻璃相继问世奠定了坚实的基础。各种实用器皿或各类观赏工艺品可以采用玻璃制造，汽车风挡玻璃亦是玻璃的重要应用领域之一。

玻璃是具有固体性质和结构特征的透明非晶体物质，就像液体中的分子一样由无序分子组成。有人认为玻璃是一种悬浮的液体，一种不能流动的液体。温度高于 1000℃ 的 SiO_2 熔融液体，当它冷却时，其无序的分子会轻微收缩，挤得更近，这使得液体变得越来越黏稠，最终形成有刚性而没有固定熔点的固体。熔融玻璃液冷却变硬的确切原因尚不清楚，不过玻璃具有各向同性、均匀性、无固定形态等特点。

玻璃本来只是制作贵重首饰的材料，玻璃制造技术传到罗马后，得到快速发展，各种中空玻璃器皿的出现为炼金术和药物化学的发展，提供了必需的实验器材。玻璃为非晶态物质，没有固定的熔点，可以通过加工，制造成玻璃瓶、玻璃杯、平板玻璃等。

玻璃制品具有一定的硬度和透明性，但热稳定性太差，经过几次骤热骤冷后，十分容易出现裂隙。硼硅酸玻璃更坚硬、更耐腐蚀，具有极高的热稳定性，用于制作烤焙盘及化学烧瓶等耐热器皿。

多彩的玻璃

普通的二氧化硅玻璃是无色透明的。磷酸盐玻璃可产生不同的颜色，含铁离子时能够产生粉红色，含钨离子能够产生蓝色，含银离子产生绿色，含铜离子能产生绿色和砖红色。古时的玻璃由于带有杂质钴和铜而呈现青色，加入锡可以制备无色的玻璃，加入铅和锑可以制备黄色的玻璃，添加一定量的金则可呈现红色。加入一定量的氧化亚铜显红色，加入氧化钴显蓝色，加入氧化铬显绿色，加入二氧化锰显紫色。铀加入玻璃中，能在紫外灯下发出绿色或者黄色的荧光。五颜六色的玻璃弹球是在制备时掺入不同颜色过渡金属化合物形成的。通过在生产过程中加入不同的物质或进行各种工艺处理，可以制备各种特异性能的深加工玻璃，如耐热玻璃、光学玻璃、有色玻璃、彩色玻璃、变色玻璃、钢化玻璃、防弹玻璃、防爆玻璃、中空玻璃、减速玻璃、记忆玻璃等。巴黎圣母院中，就有不少彩色玻璃的应用（见图5-7）。

玻璃结构是近似有序的，微观上是不均匀的，宏观上却又是均匀的。氧化物玻璃可进一步分为硅酸盐玻璃、硼酸盐玻璃和磷酸盐玻璃等。

小知识　　熔融玻璃液滴入水中所形成泪珠形的玻璃球被称之为"鲁珀特之泪"。该泪珠玻璃头部具有极强的硬度，但泪尾部强度差，受力会导致整个玻璃球完全粉碎。科学家对其深入研究，发明了强化玻璃的制备技术。

日常生活中，厚度3～15mm的平板玻璃多用于窗户、玻璃墙面、玻璃门等。如果超薄玻璃的厚度只有0.10mm，则可实现显示屏幕的可卷曲（见图5-8）。京东方建设的第一条6代柔性屏生产线，所选用的玻璃基板厚度为0.5mm，剥离的柔性膜厚度为0.03mm。

图5-7　巴黎圣母院玻璃花窗

图5-8　可弯曲玻璃

半导材料

在 19 世纪到 20 世纪的近百年中，半导体性质的发现和半导体材料、器件的发明，开启了电子信息时代。这个起点标志着材料将成为人类文明的支柱。

英国理论物理学家威尔逊在 1931 年论述了半导体的能带理论，对半导体和微电子技术的发展起了不可估量的奠基作用。

电子管的发明

1883 年，爱迪生在对电灯灯丝使用寿命的研究过程中发现，当金属加热到炽热时能够辐射电子，产生放电现象，这被称为"爱迪生效应"。英国物理学家弗莱明在 1884 年访问爱迪生实验室，了解到"爱迪生效应"，随后展开了深入研究，于 1904 年发明了真空电子二极管。这种二极管被用作检波器，但其检波整流性能不太理想。为了改进检波器的性能，德福雷斯特于 1906 年发明了具有放大功能的真空电子三极管。电子管被用于早期的收音机、发报机上，人类自此进入了电子时代。1920 年美国匹兹堡 KDKA 广播电台正式开播，成为历史上第一个商业电台。1920 年 11 月 2 日，美国有数个州的人们就是通过收音机听到了美国总统选举的结果。人类第一台电子计算机是 1946 年问世的，共用 18000 个电子管，这台重达 30 吨、占地面积 $170m^2$ 的庞然大物，每秒运算 5000 次加法。但因电子管存在使用寿命短、体积庞大、稳定性较差、耗电高、易破碎等缺陷，其被晶体管替代就是一种必然。

晶体管的发明

晶体锗具有良好的半导体性能，第一个半导体元件就是锗二极管。

1947 年 12 月 23 日，约翰·巴丁、威廉·肖克利、沃尔特·布拉顿发明了第一个具有放大功能的点接触式锗晶体三极管，该发明荣获 1956 年度诺贝尔物理学奖。半导体晶体管是 20 世纪中期在电子技术方面最伟大的发明，不但电耗低，而且体积更小，使用稳定性高，应用范围广。

锗为稀有元素，地壳中含量极低，仅为地壳组成的一百万分之七，且分布还非常分散。因此锗的原材料成本居高不下，锗晶体管很难大规模生产。此外，锗晶体管不耐高温，难以提炼到足够高的纯度。纯度不够就意味着晶体管性能低下。锗所有的不足都是硅的先天优势，硅为地壳第二丰富的元素，其占地壳总质量的 26.4%，从沙子中就能提取硅，因为沙子的主要组成是 SiO_2。电子工业中使用的硅是超纯硅，残留的杂质原子比例少于一百亿分之一。以这种硅为原料，按十亿比一的比例掺杂硼或磷原子，就得到用于制造晶体管或微芯片的基础材料——半导体硅。单晶硅具有更优良的半导体性能，可以做成大功率的晶体管，硅替代锗制备晶体管是一种历史的必然。

晶体硅为灰黑色，是最主要的光伏材料。高纯单晶硅是重要的半导体材料，纯度要求达到 6N（99.9999%），甚至 9N（99.9999999%），是用高纯度的多晶硅在单晶炉内拉制而成。单晶硅是支撑信息时代的重要材料之一，为适应大规模集成电路的发展，单晶硅正向大直径、高纯度、高均匀性、无缺陷方向发展。

1957 年，戈登·摩尔、罗伯特·诺伊斯等 8 位年轻科技工作者离开肖克利实验室，成立仙童半导体公司，开展硅替代锗、制备商用半导体器件的技术攻关。1958 年，NPN 硅晶体三极管研制成功，其性能稳定，体积更小，为集成电路的开发奠定了基础。

1958 年，德州仪器公司的杰克·基尔比在锗晶片上制成第一块集成电路，促进了计算机微型化的发展，也因此获得 2000 年度诺贝尔物理学奖。与基尔比在锗晶片上研制集成电路不同，仙童半导体公司的罗伯特·诺伊斯独立地而又几乎是同时地展开晶体硅集成电路的研究。1959 年，仙童半导体公司开发出平面工艺，使得在一片单晶硅上生产晶体管变得更加容易，成本也更低，产品性能更好，可靠性更高了。平面处理工艺把硅晶体管的制造变得像印刷一本书一样简单高效、价格低廉，扩散型硅晶体管开始告别锗时代，人类正式进入电子科技时代。

集成电路在极小的半导体块儿，即"芯片"上，实现了许多晶体管和其他元件的全部电路图集成化。1971 年，诺伊斯所在的 Intel 公司成功地在一块 $12mm^2$ 的芯片上集成了 2300 个晶体管，制成了一款包括运算器、控制器在内的可编程序运算芯片，即 CPU。集成电路、大规模集成电路、超大规模集成电路的发明推动了信息产业的变革，奠定了现代文明的基础，使人类迎来了第三次产业革命，极大地改变了人类的工作和生活方式。

不同于晶体硅和晶体锗为代表的第一代半导体材料，第二代半导体材料是指化合物半导体材料，如砷化镓（GaAs）、磷化铟（InP）、磷砷化镓（GaAsP）等晶体，它们具有比硅更好的半导体性能，可用于制造微型电子元件。第三代半导体材料氮化镓具备出色的击穿能力、更高的电子密度及速度、更高的工作温度等特性，GaN 超越硅，可实现更快速开关、更紧凑的尺寸、更高功率密度及更高的电源转换能效，适用于开关电源和其他在能效及功率密度至关重要的应用。

先进陶瓷

先进陶瓷是"采用高度精选或合成的原料，具有精确控制的化学组成，按照便于控制的制造技术加工、便于进行结构设计，并且具有优异特性的陶瓷"。不同于早期的硅酸盐陶瓷易碎、不导电、缺乏韧性的性能，先进陶瓷的性能已发生了质的变化，出现了耐高温陶瓷、超导陶瓷等。研发、生产先进陶瓷材料的种类及应用规模，已成为国家经济实力的重要标志之一。先进陶瓷材料在国防、化工、冶金、电子、机械、航空、航天、生物医学等领域的应用均体现了最新的技术成就。

先进陶瓷包括结构陶瓷和功能陶瓷两大类。结构陶瓷是指能作为工程结构材料使用的陶瓷，可分为氧化物（Al_2O_3、MgO、ZrO_2、BeO 等）系列和非氧化物系列（碳化物、氮化物、硼化物、硅化物等）。

碳化硅陶瓷是良好的高温结构材料，用于制作火箭尾喷管的喷嘴、燃气轮机叶片、核燃料的包封材料等。氮化硅（Si_3N_4）陶瓷，硬而韧，有可塑性，主要用作高温轴承、在腐蚀介质中使用的密封环、热电偶套管、切割工具、金属切削刀具、小球轴承等。

功能陶瓷是指具有光、电、磁、声、超导、化学、生物等特性，且具有相互转化功能的一类陶瓷。

荷兰莱顿大学昂尼斯于 1911 年发现汞在 –268.98℃的低温下电阻突然消失（零电阻），后来他又发现许多金属和合金都有与之类似的低温失去电阻的特性，他将这种现象称为"超导态"，并因此获得了 1913 年的诺贝尔物理学奖。众所周知，普通陶瓷不导电，但 1986 年缪勒和柏诺兹发现镧钡铜氧体系（陶瓷体）的超导温度达 –237.15℃，远超金属和合金体系数十年的研究进展，并荣获 1987 年度诺贝尔物理学奖。中国科学院物理所赵忠贤和美国朱经武课题组在 1987 年初宣布了 –182.15℃钇钡铜氧超导体的发现，第一次发现了高于液氮（–195.15℃）超导材料，即高温超导体。1993 年法国科学家发现了 –137.15℃的汞钡钙铜氧超导体，超导陶瓷开创了高温超导研究新领域。

碳材料

凡对应元素 C 及其相关的衍生词、派生词均用"碳"，而以含碳元素为主的其他物质和材料则用"炭"，如碳酸钠、煤炭等。"炭材料"一般指有机物炭化后形成的材料；"碳材料"则指含碳元素在 99.9% 以上的物质，如碳纳米管、石墨烯等。人们已习惯将活性炭、炭黑等归属于传统碳材料，将碳纤维、玻璃碳、碳复合材料等归属于新型碳材料，富勒烯、石墨烯、碳纳米管等归属于纳米碳材料。

钻石

钻石主要形成于 33 亿年前以及 17 亿年前至 12 亿年前之间这两个时期，位于一个几千万年前形成的古老火山口中，或者说钻石是地下 80 公里或更深处高温高压下形成的。在印度和巴西，大部分钻石产于次生矿床，即河流的砂砾中。印度史诗《玛哈帕腊达》记载 3000 年前已经淘洗沙金和金刚石。16 世纪前，印度是世界钻石唯一产地，且形成一条称之为"钻石之路"输送线，将印度的钻石源源不断地输送到欧洲，长达两千年。1650 年，印度年产钻石量 10 万克拉（ 1 克拉等于 0.2 克 ）。大莫卧儿钻石就产自印度（见图 5-9 ）。

1866 年，一名牧牛的男孩子捡到一颗亮晶晶的石块玩耍，后经鉴定是钻石，这是南非发现的第一颗钻石，命名为尤里卡（意思是我发现了，重 21.25 克拉 ）。"黄金眼"、库里南 I 号、"蓝月亮"等也是在南非发现的钻石（见图 5-10 ～图 5-12 ）。

图5-9　大莫卧儿

图5-10　"黄金眼"

图5-11　库里南I号

图5-12　"蓝月亮"

1989 年，澳大利亚钻石产量达 1500 万克拉。2005 年，俄罗斯产量在 1200 万克拉左右。目前澳大利亚是钻石的主要生产国，其他还有加纳、塞拉利昂、扎伊尔、博茨瓦纳、纳米比亚、俄罗斯、美国及巴西。

金刚石和石墨是碳的同素异形体，"点碳成金刚石"是人类的梦想。

1955 年，本迪等首先发表了高温高压、金属镍催化条件下成功地将石墨粉体转变为金刚石，向世人宣告了美国通用电气公司生产出世界第一颗人造金刚石的成果，实现了人工合成金刚石的第一次飞跃。

$$C（石墨）\xrightarrow[镍]{1573K, 55000atm} C（金刚石）$$

由于高压的限制，生长室太小，生产出来的金刚石颗粒只有几十微米到 1 毫米左右，且金属催化剂在金刚石内形成包体，分离提纯困难很大。

1988 年，格雷纳等报道了 TNT 爆炸法制备纳米金刚石粉末的实验，后实现产业化。人造的金刚石不能叫钻石，只有达到宝石级的金刚石才叫钻石。

1998 年，中国科学技术大学的李亚栋博士和钱逸泰院士以 CCl_4 为碳源成功地合成了纳米金刚石，完成了"稻草变黄金的梦想"，实现了人工合成金刚石的第二次飞跃——从液体制固体。

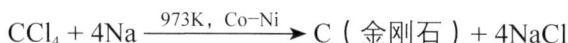

$$CCl_4 + 4Na \xrightarrow{973K, Co-Ni} C（金刚石）+ 4NaCl$$

2003 年，中国科学技术大学陈乾旺教授领导的研究组发表了论文"低温还原二氧化碳（CO_2）合成金刚石"，他们在 440℃的低温条件下，以 CO_2 为碳源，成功地将 CO_2 还原成了 $250\mu m$ 的大尺寸、无色透明的金刚石，首次实现了金刚石燃烧实验的逆过程，即把低能、直线型 CO_2 分子变成了金刚石，实现了人工合成金刚石的第三次飞跃——从气体制固体。

$$CO_2 + Na \xrightarrow{713K} C（金刚石）+ C（石墨）+ Na_2CO_3$$

石墨是块状晶体材料，由石墨制成的坩埚见图 5-13。从石墨中剥离出的石墨烯是二维单层原子晶体材料（见图 5-14）。单层石墨烯厚度只有 0.335nm，广义讲，层数小于 10 层的石墨都可称为石墨烯。不过，随着层数的增加，石墨烯的能带结构也会逐渐变得复杂。

石墨烯中，电子能够极为高效地迁移，电子的运动速度可以达到光速的 1/300。另外，只要将两层石墨烯旋转到特定的"魔法角度"（1.1°）附近，石墨烯中就呈现出非常规超导性。

人类文明经历了石器时代、青铜时代、钢铁时代、硅时代，未来必定是石墨烯时代。石墨烯薄膜可以用来极大地提高质子传导膜的效率，用于燃料电池等领域，也可以用于海水淡化技术领域。

图5-13 石墨坩埚

图5-14 石墨烯示意图

石墨烯片吸收的冲击力是凯夫拉材料的两倍，可用于制造和改进防弹背心。石墨烯还可以用于制造复合材料、储氢材料、超灵敏传感器等。

中科院研制成功"硅－石墨烯－锗晶体管"，将电磁延迟的时间缩短1000倍，为新一代的电子设备研制奠定了物质基础。石墨烯器件可用于通信以及成像技术等领域。

"石墨炸弹"以破坏供电设施为目的，利用石墨纤维团造成供电线路的短路过载使供电设施瘫痪。海湾战争时，美国首次将石墨炸弹用于实战。

铅笔芯不含铅

铅笔的制备过程并无铅的参与，铅笔芯是由石墨和黏土混合制作的。根据铅笔芯中石墨及黏土比例的不同，铅笔书写时的硬度（H 是坚硬"Hard"）及呈现的黑色（B 代表黑色"Black"）不同，将铅笔从软到硬分为：6B、5B、4B、3B、2B、B、HB、H、2H、3H、4H、5H、6H、7H、8H、9H 等规格。"硬铅笔"中黏土占 50% 的为 2H，占 60% 的为 6H；"软铅笔"中黏土占 30% 为 2B，占 20% 的为 6B。

金属材料

金属：一种具有特殊光泽、富有延展性、容易导电传热的物质。

金属键：金属原子之间的化学键称为金属键。金属键主要存在于金属、合金或金属原子簇合物中。

碱金属及碱土金属：元素周期表中第 1 主族和第 2 主族的元素的单质分别

称为碱金属和碱土金属，金属单质是银白色的，活泼性强。第 1 主族的碱金属都是低熔点的软金属，第 2 主族的碱土金属的熔点高一些，硬度也比碱金属高一些。

过渡金属： 元素周期表中位于 3 ～ 12 族的元素的单质，它们大多致密且坚硬，是电和热的良导体。

重金属： 一组涵盖过渡金属、准金属、镧系元素和锕系元素，且具有金属属性、密度高于铁和锌的元素的单质。如汞、铅和镉等。

镧系金属： 元素周期表中自 57 号镧至 71 号镥共 15 种元素通称镧系元素，一般用符号 Ln 表示之。由于镧系元素都是金属，所以又称镧系金属。

稀土金属： 是元素周期表 Ⅲ B 族中钪、钇、镧系 17 种元素的总称，常用 RE 表示之。

熔化热： 单位质量的晶体在熔化时变成同温度的液态物质所吸收的热量，也等于单位质量的同种物质，在相同压强下的熔点时由液态变成固态所放出的热量。

金属材料通常分为黑色金属、有色金属和特种金属材料 3 类。

地球上总共发现了 94 种天然元素。由金属元素形成的金属合金材料则远远超过了金属元素的种类，金属材料在人类的发展史和社会的进步过程中起着十分重要的作用，金属材料的生产和应用开创了人类文明的历史：石器时代对应原始社会，铁器时代对应封建社会和农耕文明，而钢铁时代是近现代工业文明的脊梁，晶体硅时代是进入信息社会的标志。

认识金属

金属是从矿石里被冶炼出来的，被冶炼的金属还要经过纯化去除一些杂质元素。金属的定义并无一个严格的界限，但金属有很多共同的性质：金属在常温常压下通常是固体（水银除外）；很多金属的熔点和沸点一般都很高；金属的表面都有光泽、可塑性强、延展性好，可以被拉伸成细线或被压成薄片；大多数的金属都是热和电的良好导体，热和电可以很快通过金属传导。

金属资源大体上可分为三类：基本金属、稀有金属、贵金属。基本金属就是生产量、消耗量、埋藏量都比较大的金属，如铁、铜、铝、锌、铅等。稀有金属指的是自然界中含量较少或分布稀散的金属，如镁、钛、钴、锰等。贵金属一般指空气中能保持稳定状态，不会失去金属光泽的成员，如黄金、白银、钌、铑、钯等。

绝大多数金属为固体，不同金属的性质差异巨大。熔点最低的金属汞

（Hg）常温下呈液态（熔点为 –38.87℃，沸点 357℃），可用于制作体温计等。熔点最高的是金属钨（W，熔点 3380℃，沸点 5927℃）；密度最小的是锂（Li，0.534g/cm³），密度最大的是锇（Os，22.59g/cm³）。延性最好的是铂（Pt），最细的白金丝直径不过 0.0002mm，1g 铂能拉成 4km 长的丝。展性最好是金（Au），最薄的金箔只有 0.0001mm 厚（约 230 个原子），颜色会由金黄转变成蓝绿色。导电性和导热性最好的是银（Ag），20℃的电阻率为 1.59×10⁻⁸ Ω·m。硬度最高的是铬（Cr），莫氏硬度 9。金属性最强的是铯，电负性只有 0.71。

金、银、铜、铁、锡、汞、铅是古代金属工匠已知的七种金属，称为"古代金属"。金、银、铜主要用于制备各种精美的金属工艺品或日用品：金杯，金碗，银簪，铜镜等。

金属为什么能弯曲？

金属能被拉长，挤压成细丝，或被捶打、碾平，而不破裂。金属的这种柔韧性与其基本结构密切相关，因为密集堆积的金属原子共同拥有电子，金属原子间的相互作用就像一种网，受到外来的张力或压力时，较容易改变形状。

金属为什么能够导电？

金属最显著的特性之一是具有较好的导电性能，可金属为什么能够导电？金属的电子理论认为，金属及合金能够导电是由于金属原子中的电子与原子核间的结合力较弱，电子容易"溜"出它们的原子"键结"而开始自由流动，因此在电场的作用下，电子定向运动而形成电流。

温度上升时，金属的导电性下降，因为原子互相加速撞击，阻碍了电子的移动。随着温度下降，导电性能增强。若温度下降到足够低的数值，某些金属甚至会变成超导体。

扩展阅读

超导体：在某一温度下，电阻为零的导体。1911 年，荷兰物理学家昂内斯发现把汞冷却到 –268.99℃时，电阻突然消失，即汞显示出超导现象。20 世纪 70 年代发现的性能优良的 Nb₃Ge 的超导温度也只有 –250.15℃，经典理论认为超导体的温度不会超过 –234.15℃。但 1986 年，IBM 公司的柏诺兹与缪

勒发现在通式为 $A_xB_yCu_zO_w$（A=Ba，Sr，…；B=La，Y，…）的钙钛矿型结构的氧化物体系中，获得了超导温度达 −238.15℃的超导体，他们因此获得了1987 年的诺贝尔物理学奖。1987 年，中国科学院物理所的赵忠贤和美国的朱经武分别找到了 $Ba_xLa_{5-x}Cu_5O_{5(3-y)}$ 和 $YBa_2Cu_3O_{7-x}$，超导温度在 −175.15℃和 −140.15℃以上，突破了液氮 −196.15℃的"温度壁垒"，为大功率发电机和超导磁悬浮列车技术的发展奠定了重要的材料基础。

超导体具有完善的抗磁性，任何磁铁都可以在其上方轻易地悬浮起来。铜钙钛钡复合氧化物制备的超导材料，临界温度 −153.15℃，用它制造的超导电缆比普通材料电缆的容量提高 25 倍，电能消耗降低到原来的千分之几。目前已发现的超导材料有 8000 多种，其中汞钡钙铜氧化物以 −109.15℃的超导温度，使人类有了更多的期待。追求性能稳定优异的高温超导材料是今后一个时期人类研发的重点。

一种元素所组成的单质与其他元素所组成的单质或化合物发生反应的难易程度和反应速率称为该元素的化学活性。不同金属的化学活泼性不同，活泼性越强的金属，越难把它从化合态中还原出来。金属的活性是由它们失去电子的难易程度决定的，部分金属活动性递减顺序（自左至右由强逐渐减弱）为：K、Ca、Na、Mg、Al、Zn、Fe、Sn、Pb、（H）、Cu、Hg、Ag、Pt、Au。

金属单质

金

各种金属冶炼的原理，本质上都是通过氧化还原反应将金属从化合态还原为单质分离出来。金有可能是人类发现的第一种金属，因为金的化学性质稳定，自然界能以游离状态存在，且金具有亮丽的特征黄色彩。但自然界的金极为稀少且十分分散，因此金就是一种特别稀有的金属。金还有优异的抗腐蚀性和可延展性，能够被金匠制成几乎任何厚度和任何形状的铸件，因此数千年来，金被制作为各种工艺品（见图 5-15，图 5-16），黄金也是财富的象征。

金的密度为 19.3g/cm³，熔点为 1063℃。纳米尺寸下，1000 个金原子发射红光，而纳米尺寸下的 10000 个金原子则发射蓝光。金子可用于补牙、制作电路板、硬币、珠宝等。金的纯度用克拉表示，纯金为 24 克拉（含金量为

99.95%）。18 克拉的世界杯纪念币含 75% 的黄金。

图5-15　维也纳艺术史博物馆藏盐罐　　图5-16　陕西何家村出土鸳鸯莲瓣纹金碗

由于金的密度大且稳定，能够以单质形式存在于自然界，因此早期的"淘金"主要采取水冲洗的方法，分离出金的微粒（砂金）。这种方法难以从低品位矿中分离出金的微粒，为得到金需借助化学方法进行提取。

也有以水银来溶解金的，得到金汞齐经过蒸馏除汞，得到金。自然界中，一定条件下可使用硫循环的细菌将金从硫化物中释放出来（硫杆菌属只靠无机矿物生存）。硫杆菌属能将硫化物氧化成单质硫或硫酸盐，从硫化物中富集金属。

黄金为什么不会生锈？

金表面电子能够有效地排斥外来原子，使它们不能与金发生反应。

铜

自然界存在着纯度在 99% 以上的单体自然铜，因此铜是人类最早认识和接触的金属元素之一（见图 5-17、图 5-18）。早在一万多年前，人类就开始利用铜制作各种装饰品。由于自然铜硬度不大，容易加工，所以人类在公元前9000 年前后就已使用铜制物品。7000 多年前，铜制工具逐渐出现，推动了人类文明的发展。

铜的元素符号为 Cu，熔点 1083.4℃，密度 8.96g/cm³。自然界中，含铜矿物有 240 多种，常见的有 30 ～ 40 种，具备工业开采价值的铜矿仅 10 余种。铜的生产方法有火法和湿法两大类，古人炼铜采用的是火法，铜矿易得且易被还原，如孔雀石在一定条件下加热生成金属铜等。

大约 6000 年前，人类就开始用远古炉膛所能达到的温度通过空气氧化的方法从铜矿提取铜：

图5-17 纯铜鸳鸯

图5-18 紫铜带

$$2Cu_2S + 3O_2 \xrightarrow{\text{加热}} 2Cu_2O + 2SO_2$$

$$2Cu_2O + Cu_2S \xrightarrow{\text{加热}} 6Cu + SO_2\uparrow$$

如若冶炼的矿石为孔雀石（殷商时期，甚至更早），则有关化学反应为：

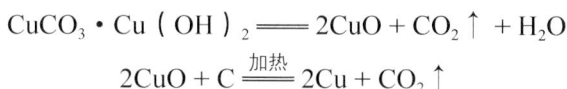

$$CuCO_3 \cdot Cu(OH)_2 \xrightarrow{} 2CuO + CO_2\uparrow + H_2O$$

$$2CuO + C \xrightarrow{\text{加热}} 2Cu + CO_2\uparrow$$

焙烧和熔炼的方法在铜的火法提炼中广泛使用。湖北省大冶市的铜绿山古矿井，开采年代从公元前13世纪的殷小乙时期一直延续到西汉，以孔雀石、赤铜矿等为主，矿石的含铜品位可达 5% ~ 8%。古人采用竖炉炼铜，炼出的粗铜纯度达 94%，为中国青铜文化的发展奠定了坚实的基础。

现代人生活离不开电，电线电缆生产主要采用纯铜制作，6μm 动力电池铜箔电芯是提高新能源动力电池能量密度的关键技术之一。

银

图5-19 鎏金舞马衔杯纹银壶（唐朝）

银的元素符号为 Ag，银在自然状态下多以化合物的状态存在，银的发现晚于铜。历史上，银曾作为货币使用（银元、银锭等），但由于银易于磨损，在银币中加入一些铜使得它更硬、更耐磨损，因此标准纯银内含有 7.5% 的铜。盛唐著名的一款银器见图 5-19。

游牧民族喝奶用银碗，一方面是便携，更重要的是银能杀死多种细菌和病毒，可

防止牛奶变质。银不但杀菌能力特别强、杀菌范围广，而且对人畜无害，因此可采用银制的滤水器对水净化。游泳池水若采用银净化技术，可防止游泳者的眼睛和皮肤受到刺激。将银颗粒加入治疗外伤的外用药中，能预防感染。银纤维袜子可解决臭脚的问题，因为银能杀死引起汗脚臭味的细菌。

银极富延展性，1g 银能够拉成 2000m 长的银线，也可以被制成 0.002mm 的薄片。作为热和电的良导体，银常常被用于电器和电子设备中，用来组成或切割精细的电子环路。

将小苏打（$NaHCO_3$）溶液放入铝锅，将受到腐蚀的银器放到水中煮沸即可焕然一新。

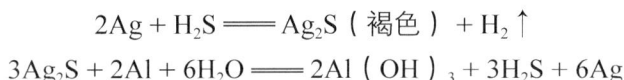

$$2Ag + H_2S \Longrightarrow Ag_2S（褐色）+ H_2\uparrow$$
$$3Ag_2S + 2Al + 6H_2O \Longrightarrow 2Al（OH）_3 + 3H_2S + 6Ag$$

铁

人类最早使用的铁极有可能是天外飞来的陨铁。铁的熔点（1535℃）比铜（1083.4℃）高出近 500℃，所以铁的冶炼需要较高的冶炼温度，这也是炼铁技术比炼铜技术出现得晚的重要原因。铁在地壳中含量居第四位，占地球总质量的 35%，铁在自然界以化合物的形式存在于地壳中。铁矿石是一种由赤铁矿（Fe_2O_3）、磁铁矿（Fe_3O_4）、菱铁矿（$FeCO_3$）和黄铁矿（FeS_2）及其他一些含铁的化合物所组成的混合物，是冶炼钢铁的原料。炼铁就是在一定条件下利用还原剂把铁矿石中的铁还原出来生成单质铁的过程，工业纯铁中碳含量 < 0.0218%。

约公元前 1800 年，西亚人发明了将铁矿石与木炭混合的块炼铁技术，它属于固体冶炼范畴。由于固体冶炼温度相对低，这与当时的加热温度水平相适应。

大约公元前 1300 年，中国古人采用木炭和铁矿石在黏土炉中被同时加热，在炉子底部生成"块炼铁"，将块炼铁进行多次加热和锻打以除去杂质（主要就是降低碳的含量），就可用于制造铁器。由于铁器硬度较高、使用范围广，铁器时代取代了青铜时代。在人类文明中，金属铁的重要性独一无二。

世界多地早期冶铁使用的是土法熟铁吹炼炉，中国古代的金属工匠使用的则是高炉冶铁。约 3000 年前，人类掌握了获得更高温度的冶炼炉，从而导致铁器时代的到来。

鼓风炉是生产铁的主要装置，通过鼓入热空气在炉中加热，焦炭燃烧而将温度提高至 2000℃。在焦炭和石灰石（$CaCO_3$）存在下，将铁矿石（Fe_2O_3，

Fe_3O_4）混合物加热，使其熔化，就能生成金属铁。

$$C（焦炭）+ O_2 === CO_2，2C（焦炭）+ O_2 === 2CO，$$
$$CO_2 + C（焦炭）=== 2CO$$

$$Fe_2O_3 + 3CO \xrightarrow{高温} 2Fe + 3CO_2，Fe_3O_4 + 4CO \xrightarrow{高温} 3Fe + 4CO_2$$

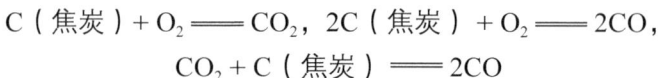

纯铁相当软，但由于含有溶解的碳，生成的铁在低于纯金属熔点约400℃的温度下熔化。这种含有杂质的铁沉在炉底，排出后固化为"生铁"（其中碳的质量百分数高达 4%）。

现代高炉炼铁的过程，是从炉顶不断地装入铁矿石、焦炭和石灰石，再从高炉底部的风口持续吹进热风，喷入煤、天然气等燃料。在高温炉内，焦炭、燃料中的炭、炭燃烧产生的 CO 等将铁矿石中的铁还原出来。生铁水会从炉底的出铁口排出，铁矿石中的杂质（主要为脉石，成分为 SiO_2）、焦炭与加入炉内的石灰石等结合形成炉渣（主要成分为硅酸钙），从出渣口排出。

$$CaCO_3 \xrightarrow{高温} CaO + CO_2\uparrow，CaO + SiO_2 \xrightarrow{高温} CaSiO_3$$

电力的出现拓展了碳还原的范围，因为电炉能够达到的温度比燃炭炉（如鼓风炉）高得多，钢铁的生产得到提升。

小知识

生铁虽然是一种结构材料，但生铁更是大规模制钢的原料。在近代科学支持下，英国冶金工程师亨利·考特于 1783 年发明了燃烧与冶炼分离的反射式搅拌炉，改变了铁的生产路线，由块炼铁变为高炉冶炼生铁，用矿石中的氧来降低铁水中的碳。这不但降碳效率高，而且得到纯净度较高、质量好的可锻铁，增大了生产规模，同时也为搅拌冶炼制"钢"奠定了基础。

铁的延展性较好，能被拉成铁丝，压成板材。纯净的铁密度 $7.86g/cm^3$，熔点 1535℃，沸点 2750℃。不同温度条件下形成的铁的晶格结构不同，纯铁液体冷却至 1538℃时，结晶为体心立方晶格（称为 δ–Fe）；冷却至 1394℃转变为面心立方晶格（称为 γ–Fe）；冷却到 912℃时又转变为体心立方晶格（称为 α–Fe）。

铁的化合价主要有 +2、+3 价，在强氧化剂存在条件下，也可形成 +6 价的高铁酸盐，如 Na_2FeO_4。

　　铁是比较活泼的金属，与氧气、稀酸、硫酸铜等发生化学反应。

　　实际上，干燥空气中铁不与空气中的氧作用。只有在潮湿的空气中，铁才易被氧化。这可能与 CO_2 溶于水产生 H^+ 有关，铁锈（一种微红或红棕色的粉末状物质，易脱落，主要成分是 Fe_2O_3）的形成被认为是由于微原电池反应所致：

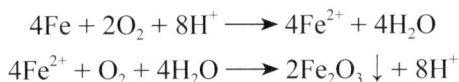

$$4Fe + 2O_2 + 8H^+ \longrightarrow 4Fe^{2+} + 4H_2O$$

$$4Fe^{2+} + O_2 + 4H_2O \longrightarrow 2Fe_2O_3\downarrow + 8H^+$$

　　铁锈是铁在空气中可以自发地形成的一个氧化层，可导致桥梁、小汽车、轮船等损失巨大。为防止铁生锈，最简单的方法是刷防护漆或涂覆防护油，电镀（镀层保护法）或加载活泼性更强的金属（如锌铝）等。

　　烤蓝：铁的表面经过一定方法处理后形成一层较纯的均匀致密的蓝薄膜（Fe_3O_4），从而保护铁不被腐蚀。如钟表的指针和弹簧发条等钢制零件在抛光后浸入硝酸钠（或亚硝酸钠或氢氧化钠）水溶液中，温度 413 ～ 423K 下保持一定时间后形成一层致密的 Fe_3O_4 蓝薄膜，阻止了锈蚀。

锡

　　锡白里透蓝，熔点 231.89℃，用打火机就能使之烧熔。锡的硬度也很低，用简易的工具敲敲打打就能造出趁手并且廉价的容器，也可以制造出精美的工艺品（见图 5-20）。

图5-20　九象奇妙壶

　　冶炼锡的技术门槛很低，五千年前的先民们就学会了开采锡矿并冶炼锡了。不过，由于锡太软，单独用途不广。锡的柔韧性接近黄金，锡箔用于包装食物（熟食肉的真空包装内衬材料等）及高档纸烟内包装材料等。当锡棒和锡

板弯曲时，会发出一种特别的爆裂声，这是因为锡晶体发生变形时，锡晶体之间由于摩擦而产生声音（金属铟弯曲时也能发出类似的摩擦声）。

锡的低温变性，白锡温度低于 13.2℃时，晶格就要重新排列，体积变大，不过这种变化很慢。但只要气温低于 −33℃，锡的晶体结构就会发生改变，体积急剧膨胀，柔韧性极好的白锡会变成异常松散的灰锡。而且只要一块白锡变成灰锡，凡跟它接触的锡也会被"传染"，一块接一块地变成灰锡，就像瘟疫似的，人们称之为"锡瘟"。据说，1812 年 5 月，拿破仑率领 60 万大军远征俄罗斯，战争进入冬季，俄罗斯的严寒造成远征军士兵军服上的锡纽扣变成灰色粉末状锡，士兵被冻死无数。当然，造成战争失败的因素十分复杂，但供给线过长，后勤补给不足应是一个重要的环节。1921 年，英国的斯柯特探险队去南极探险，所用燃料全部装在锡桶或用锡焊接的铁桶里。因南极附近天气异常寒冷，燃料桶莫名其妙地变为灰土，锡焊缝裂开，燃油缺失，导致探险队成员全部遇难。

预防锡瘟的方法之一就是往锡里掺些金属铋或少量铅或锑，使之形成合金，阻止白锡变为灰锡。

铝

地壳中含量最多的金属是铝，为 7.73%。但由于铝的亲氧性极强，因此金属铝的制备难度极大。直至建立将氧化铝溶解于冰晶石（Na_3AlF_6）的电解制备工艺后，才奠定了铝的大规模生产基础。

铝的密度很小（仅为 2.7g/cm³），各种合金材料被广泛应用于飞机、汽车、火车、轮船等制造工业。铝的导电导热性能良好，是电线电缆工业、各类热交换器生产的优选材质。

铝能形成一种透明氧化层，较厚，不能形成色彩。铝表面形成的氧化层是致密的，能够隔绝空气等物质的作用，保护其内部免受锈蚀。如果水银涂敷到铝（除去了表面的氧化铝）的表面，则会渗透到金属铝的内部，并通过阻止铝表层氧化物的形成使铝能够不断地"生锈"。随着水银被剥落的粉末带走，几小时后反应会停止。

合金材料

合金：一种金属单质与其他金属单质（或非金属单质）经过熔合而成的、

具有金属性质的物质。

　　尽管纯金属有好的塑性、高的导电性和导热性，但因一些性能的限制（如纯铜的硬度仅为铜锡合金的五分之一），在制造精密仪表、耐高温高压材料等领域，应用最广泛的却是合金材料。合金是至少含有一种金属元素的混合物，既可能是均匀的金属固溶体（包括置换式合金及非金属的填隙固溶体），也可能是金属间化合物。合金的性质可能与组成它的金属单质有惊人的不同，如合金的硬度较大，多数合金的熔点一般比各成分金属的低，合金通常比纯金属更耐腐蚀。虽然目前已经制得的纯金属只有80多种，但由这些纯金属制得的合金已达数千种。

　　人类自石器时代和陶器时代进入青铜器时代，劳动生产力获得快速发展。青铜的使用大概始于公元前3300年的美索不达米亚，它是在金属铜中加入少量锡形成的合金（含锡10%～30%，或者铜与锡的比例约为2∶1）。该合金与纯铜相比，具有更高的硬度、更好的耐久性和耐腐蚀性，且合金的熔点低、易冶炼、易锻造，因此是制作冷兵器（刀、枪、剑、戟、戈、箭头等）的重要材料。

　　青铜的发现使人类渐渐远离石器时代而走向现代文明。西汉的宫灯制造精美，见图5-21。杜岭方鼎（见图5-22）是目前保存最完整、体量最大的青铜重器。陕西博物馆藏东汉制作的铜奔马，形象矫健俊美，别具风姿。颐和园的铜牛是乾隆二十年铸造的，历经260多年的风雨而无丝毫腐蚀。青铜受热会收缩，遇冷会膨胀，这与普通金属的热胀冷缩性质正好相反。青铜是制作钟和钹的首选材料，且加入的锡越多，音色就越低沉，中国古代的编钟就是采用青铜制作的。青铜佛像或各种金属基体祭品礼器，经过涂覆金汞齐，再用火烘烤，汞经过蒸发除去，留下金，就可形成鎏金器皿。

图5-21　西汉长信宫灯　　　图5-22　杜岭方鼎（商代早期）

黄铜是 67% 铜和 33% 锌的合金，具有黄金一般的色泽，因此一些造假者会采用黄铜冒充黄金。黄铜被广泛应用于乐器制作，比如法国号、大号、小号和长号等。黄铜中加入少量锡，得到具有很好抗海水腐蚀的合金，称为海军黄铜。黄铜中加入少量的铅，所得合金可用作滑动轴承材料。

19 世纪后半叶开始的"钢文明时代"不仅表现在钢铁产量的划时代大发展，而且也是各类钢种，特别是合金钢的大发展时期。坩埚法炼钢的进步为钢种研制创造了极好的条件，以铁基材料为中心的各种合金材料的快速拓展，加速了现代社会文明的进步。航母甲板使用的特种钢、架桥机、隧道掘进机、高铁铺设的钢轨等，处处离不开合金钢的身影。

生铁和钢是含碳量不同的两种铁碳合金，生铁的含碳量为 2% ～ 4.3%，钢含碳量 0.03% ～ 2%。熟铁含碳量在 0.05% 以下，质地很软，可塑性和延展性良好，可拉丝变形，机械强度和硬度均较低。从矿石中冶炼得到的生铁，含碳量较大，往往含有较多的杂质，如磷、硫、硅等。可用于制造机座、管道等。

除碳素钢外，铁与其他金属（V，Cr，Mo，W，Co，Ni）和碳一起构成的各种合金钢，性能更为优异，如不容易生锈、抗腐蚀能力强等。由于第一次世界大战的需求，英国科学家亨利·布雷尔利发明在普通钢中加入一定量的镍铬，通过冶炼可得到性能比铁要优越的不锈钢，1916 年取得英国专利并开始大量生产。不锈钢是金属铁冶炼过程中混入超过 10% 的金属铬，虽然铬比铁更容易被氧化，但是形成的铬氧化物质地非常坚硬、致密、且具有化学惰性，从而可以有效地阻止腐蚀的发生。高铬不锈钢的组成为 85.6%Fe + 14% Cr + 0.35% C，镍铬不锈钢的组成为 72.4%Fe + 18%Cr + 9.5%Ni + 0.1%C，不锈钢性能优于普通钢，可用于制造医疗器材、厨房用具和餐具等。

英国采用贝塞麦转炉技术，冶炼出性能优异的钢材，用于制造"谢菲尔德"刀具，成为锋利、高端、高质量的代名词。德国索林根地区的工厂后来生产的"双立人"刀具，同样因高质量而誉满全球。

迪拜哈利法塔高 828m，总共使用 33 万立方米混凝土、6.2 万吨强化钢筋、14.2 万平方米玻璃，是目前世界第一高的现代建筑物。广州塔由钢筋混凝土核心筒及钢结构外框筒以及连接两者之间的组合楼层组成，最高标高达 600m，外框筒用钢量 4 万多吨，总用钢量约 6 万吨。

硬币的组成

"硬币的成分变化"不仅会导致硬币的密度不同，而且硬币成分的变化是

随着社会经济发展的动态变化而产生的，与物理、历史、经济和生产等多方面
密切相关。

铜钱是中国古代使用最为长久的货币，秦半两、汉五铢及不同朝代的通宝
多采用铜铅合金制造（铅占比不高于 50% 者佳），新中国发行的第五套人民币
中，硬币的材质分别为钢芯镀镍合金（1 元）、钢芯镀铜合金（5 角）和铝锌
合金或不锈钢（1 角）。美国自 1959 年起生产的美分硬币的成分由铜和锌两种
元素组成。但是由于铜价格的上涨，每年生产的硬币其铜和锌的比率都在变
化。在 1982 年之前的大多数年份里，美国的 1 美分硬币含 95% 的铜和 5% 的
锌。1983 年后变成 97.5% 的锌和 2.5% 的铜。随着铜的价格上升，硬币的内核
采用了廉价的锌，只是在它的表面薄薄地镀了一层铜。1982 年至 1999 年，日
本发行的面额 500 日元硬币是白铜制造的，后改用镍黄铜质（铜 72%+ 镍 8%+
锌 20%）制造。100 日元和 50 日元硬币均采用白铜质（铜 75% + 镍 25%）制造，
10 日元硬币为青铜质［铜 95% + 锌（3% ～ 4%）+ 锡（1% ～ 2%）］，5 日元
硬币为黄铜质（铜 60% + 锌 40%），1 日元硬币为 100% 纯铝制造。

钠钾合金

钠的熔点 97.72℃，钾的熔点 63.38℃，钠钾组成一种低熔点合金，呈液态
的温度范围是 –12℃～ 785℃，例如合金（77.2% K + 22.8% Na）的熔点仅为
–12.3℃，可用于核反应堆的导热材料。缺点是必须远离水和空气，因为这两
种金属都非常活泼。

安全温度计

汞的熔点为 –38.8℃，沸点 357℃；镓的熔点 29.76℃，沸点 2204℃。一
种由镓、铟、锡组成的合金材料（组成比例为 Ga∶In∶Sn = 68.5%∶21.5%∶
10%），可以在 –19℃温度下还是液体，毒性低，活性也低，可用来制作安全
温度计（汞有毒，含汞的体温计破碎后易造成污染）。

铍合金

铍有毒，但因其密度较小，且具有高强度、高熔点、显著的抗腐蚀性，当
铍加入铜和镍中后，能得到良好的导电性、热稳定性以及弹性，因此被用作导
弹和火箭的部件，是弹簧和耐火工具的理想材料。铍合金制造火箭外壳，可以
大大减轻重量，确保飞行安全。含铍合金钢制作的弹簧，可以连续伸缩 1400
万次仍不会因"疲劳"而失去弹性。铜铍合金具有受撞击时不产生火花的奇妙

性质，可用于制作石油化工行业专用的扳手和螺丝刀等——在满是氢气罐或其他易燃易爆物的房间内作业，能够有效防止爆炸的发生。

铅合金

子弹是用铅合金制造的，因为铅的价格不高，密度较大，可减小空气阻力，且铅足够软，能够紧贴枪管却不会刮伤或卡住枪管。但纯铅太软，加入一定量的锑，形成铅合金（如"硬铅"含有95%的铅和5%的锑），就可改善其硬度。铅酸电池里的铅电极板也是由锑来硬化的。

在激光照排印刷之前的活字铅字印刷时期，铅字是采用铅锡合金中掺入一定量的锑和铋，因为锑具有热缩冷胀的性能，才使得制备出的铅字均匀饱满。

铊铅合金多用于生产特种保险丝和高温锡焊的焊料；铊铅锡3种金属的合金能够抵抗酸类腐蚀，非常适用于酸性环境中机械设备的关键零件；铊汞合金熔点低达−60℃，用于填充低温温度计，可以在极地等高寒地区和高空低温层中使用；铊锡合金可作超导材料；铊镉合金是原子能工业中的重要材料。

镁合金

在镁里加入10%的铝和微量的锌和锰制成合金时，能改善镁的强度、耐腐蚀性和焊接性，是高铁及汽车车体、飞机部件、割草机、行李包和电动工具的理想材料。镁铝合金具有密度小、强度高、抗腐蚀的特点，是制造飞机和宇宙飞船的理想材料。市场上所谓的"镁车轮"可能是含有百分之几镁的铝合金，纯镁制车轮虽然强度高、质量轻，但价格昂贵。镁合金制成骨钉、骨板和骨针等临时性植入材料，使其植入人体后在体内逐渐溶解直至消失，避免了二次手术取出的麻烦，减轻了病人身体的痛苦。

新型合金

新型合金是为满足某些尖端技术发展的需要而设计合成的。例如，镍镧合金在室温和0.25MPa下，1kg合金可吸进170L氢气，而且吸收和释放是可逆的、快速的。

$$LaNi_5 + 3H_2 \rightleftharpoons LaNi_5H_6$$

记忆合金在两种不同的固相中会有变化，在低温的相中，这种合金很软且易弯折；在高温的相中，它较硬且有弹性。形状记忆合金主要有Ni–Ti体系、Cu–Zn–Al系及Cu–Al–Ni系，用于航天工业、制作合金管接头、热敏驱动器等。记忆合金可以被应用于机器人中，来模拟生物体肌肉的变形。形状记忆效应是一种奇特的热机械行为，可用于高科技产业，也可用于制作医疗材料、眼镜框架等。

钛合金广泛应用于卫星、航空航天、生物过程等领域，由钛、钒、铁和铝组成的钛合金常用于制造飞机的起落架。钛合金具有强耐腐蚀性，放在海水中十几年、二十几年基本没有腐蚀的迹象。同时该材料强度高、韧性好具有弹性，能够保持潜水器在深海下潜和上浮的过程中不变形，因此其在深海领域具有优越性。中国研制的全海洋蛟龙号潜水器潜水深度可达到一万多米。

超级合金专为高温（达到 1100℃）、高腐蚀性环境设计。航空航天、军事工业等领域需要能在极端环境下工作的材料，如制作火箭涡轮的材料等。超级合金的合成基于镍、钴、铁等金属，合成时再加入一系列丰富的普通外来元素。战斗机的喷气发动机涡轮叶片为镍铁超级合金，大约含有 6% 的铼。

高分子材料

高分子：分子量很高的一类化合物，通常分子量在 $10^4 \sim 10^6$ 之间，构成的原子数多达 $10^3 \sim 10^5$ 个。

高分子材料：分子量在 10^4 以上，由有机低分子化合物在一定条件下聚合而成的一类材料的总称，包括以高分子化合物为基体，再配有其他添加剂（助剂）所构成的材料。如塑料、橡胶、纤维等。

聚合物：由许多相同的、简单的结构单元通过共价键重复连接而成的高分子量化合物。或者说聚合物是一种由较小分子（单体）相互连接而成的复杂的大分子。

皮毛、棉花、淀粉、纤维素、虫胶、甲壳素、天然橡胶、木料等均属于天然高分子材料，是人类自远古时期就已使用的材料。塑料、合成橡胶、合成纤维等是人类社会生产和使用最为广泛的合成高分子材料，与其他材料相比，这类材料具有密度小、比强度高、耐腐蚀、绝缘性好、易于加工成型等特点。

目前，高分子合成材料正向功能化、智能化、精细化方向发展，其由结构材料向具有光、电、声、磁、生物医学、仿生、催化、物质分离及能量转换等相应的功能材料方向扩展。分离材料、光导材料、生物材料、储能材料、智能材料、纳米材料、电子信息材料等，是现代高新科技不可或缺的材料基础。

认识纤维

天然纤维

天然纤维的世界丰富多彩，包括植物纤维、动物纤维和矿物纤维三类。

植物纤维

植物产出的纤维在化学组成上很简单，并且和人造纤维在许多地方十分相似。大多数植物纤维都是由纤维素组成的，纤维素是由无数独立而重复的$\beta-$葡萄糖分子结合而成的。淀粉（包括直链和支链淀粉）是由$\alpha-$葡萄糖分子构成。

植物纤维中还包括一部分木质素，木质素的重复单元含有三种醇类分子：芥子醇、松柏醇和对香豆醇。丝瓜络的纤维由纤维素和木质素组成，是天然的刷锅良品。

棉花纤维较短，大约有2.5cm长，制作的棉线可用于织布等。"棉花糖"由蔗糖组成（一个葡萄糖分子和一个果糖分子），其与棉花纤维的区别在于纤维素分子的连接位置不同，因此人类的消化系统中的酶不能将棉花纤维断开。木头由70%的纤维素和30%的木质素组成，可用于造纸等。

动物纤维

动物纤维的主要成分都是蛋白质。鸟类的羽毛和哺乳动物的毛发以及爪子等都有动物纤维，鸭绒就是由"角蛋白"构成的。

蚕丝是由丝芯蛋白构成的，仅有3种不同的氨基酸反复重复、排列而成，其蛋白质的骨架折叠为环状和片状。多股蚕丝被纺成丝线，可用于丝绸的制作。

胶原蛋白的氨基酸序列与角蛋白不相同，使用胶原蛋白最常见的例子就是毛皮，人们将它们制成了皮衣、皮鞋、皮包、皮带以及许许多多其他的皮具。羊皮纸是非常薄的皮革，中世纪的许多手稿都是写在羊皮纸上的。

绵羊、山羊、猪、马、牛、驴等动物的肠子制作的肠线曾被用作乐器的琴弦，用于缝合动物体内的伤口，会慢慢地被身体所吸收。

矿物纤维

矿物纤维是从纤维结构的矿物岩中获得的纤维，主要由氧化物组成。绝大多数纤维都是有机化合物。无机化合物组成的纤维也有自身的特点——不是由细长型的分子所组成，甚至根本就没有独立的分子。例如，石棉是一种含硅、氧、氢、铁、镁、钠的无机化合物，它的性质很稳定，具有耐腐蚀、耐热、坚固、廉价的特点，含有石棉成分的防火纸及隔热的石棉布曾用于一些特殊的需求。但石棉纤维进入人体后，可能引起基因突变导致癌症，而石棉一旦被吸入肺部，它将永远留在那里，持续几十年地造成伤害。陶瓷纤维是一种纤维状轻质耐火材料，主要成分之一是氧化铝。陶瓷棉的成分是硅酸镁钙，"高岭棉"是用高岭土制成的，多用于隔热材料。矿物质纤维就是由几种原子连接成三维矩阵，形成简单、细长的分子，而并没有链状结构。

玻璃纤维的主要化学组成为 SiO_2、B_2O_3、CaO、Al_2O_3 等，将玻璃拉成细丝（如直径 0.005mm），其力学性能会发生极大的变化，变成柔软而富弹性、拉伸强度大的玻璃纤维。当人们把块体玻璃拉成细丝时，发现强度会成数量级地提高，拉伸强度可以比块体玻璃提高 40 倍，达到 $1500 \sim 4000MPa$。玻璃纤维直径只有 10 微米左右，约是头发丝的 1/10。弯变时的弹性变形取决于直径，直径越小，弹性变形越小。所以细丝轴向的弹性变形比粗玻璃棒小多了，也就变得柔顺了。

人造纤维

1935 年，美国杜邦公司卡罗塞斯等人发明了三大合成材料之一，人造纤维——尼龙。尼龙学名聚酰胺，英文缩写为 PA，于 1939 年实现工业化。PA最突出的优点是耐磨性好，其次是弹性极佳，回复率可媲美羊毛；相对密度小，仅次于丙纶，可加工成细匀柔软平滑之丝，织造出美观耐用的织物。另外，PA 还同其他聚酯纤维一样，具有耐腐蚀性、不蛀不霉等优点。

PA 的品种繁多，如 PA6、PA66、PA610、PA612、PA1010 等。作为一种工程塑料，它的优点更是突出：力学性能、耐热性、耐磨性、耐化学药品性和自润滑性俱佳，且摩擦系数低，有一定阻燃性，易于加工，适于用玻璃纤维和其他填料来实现增强改性，进一步扩大了应用范围。因为国内尼龙是由锦西化工厂首次合成出来的，所以尼龙也被称为"锦纶"。

腈纶是聚丙烯腈纤维的商品名，性质极似羊毛，故称为"合成羊毛"。由二元酸和二元醇缩聚得到聚酯纤维，中国商品名称涤纶，市场上统称"的确良"。维纶属于聚乙烯醇纤维，氯纶是以氯乙烯为基本原料经聚合后得到的含氯纤维。

纤维通常是以合成高分子为原料，经由纺丝和后处理制得。

凯夫拉纤维（聚对苯二甲酰对苯二胺）的断裂强度非常大，是相同质量钢的 5 倍，同时也十分强韧，因此常被用于防弹背心和鱼线上。凯夫拉纤维制成的手套，能够避免手被锋利的刀子割伤。将凯夫拉纤维埋植在厚橡胶片，制作的防爆贴纸用于车玻璃等，能够起到很好的保护作用。由凯夫拉制作的绳子，强韧性能优良，是野外旅行或高层楼房必备的逃生保护绳。凯夫拉也用于制作消防员和警察的保护服。

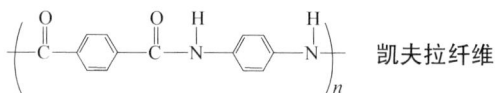

凯夫拉纤维

塑料

塑料是最常见的合成聚合物，它是以合成树脂为主要成分，辅以填充剂、增塑剂和其他助剂，在一定温度和压力下加工成型的材料或物品。

赛璐珞是商业上最早生产的合成塑料，其发明人约翰·海厄特是美国一位印刷工人。经过反复的试验，1869 年，海厄特发现在硝化纤维中加入樟脑制得的材料可以制备象牙的代用品，如台球、梳子、刷子等。后来这种材料又被用来制作电影胶片、乒乓球、眼镜架等。

1871 年德国化学家拜耳研究酞染料时发现了苯酚甲醛树脂，这种不易溶解、黏糊糊的"新材料"并未引起其关注与兴趣。"塑料之父"、美国的贝克兰后来重复这个实验时，认识到了这个合成高分子聚合物的重要意义，经过三年探索，终于于 1907 年制备出一种真正的合成可塑性材料——胶木（或称电木），这种称之为"酚醛树脂"的材料不但具备很好的绝缘性，且加热时不会变软。胶木被广泛用于生产电闸、电源插头、电话机、电灯开关等电器的部件，壶、锅的柄等日用品制造中同样用到胶木。

由丙烯腈、丁二烯、苯乙烯三种单体通过共聚可得到 ABS 塑料。这是一种原料易得、综合性能优良、价格低廉、用途广泛的塑料，在汽车、飞机、轮船、高铁等制造工业及化工设备生产中获得了广泛应用。

双酚 A 是查尔斯·多兹于 1936 年合成的，被广泛用于生产塑料的聚合过程，也用于某些增塑剂的抗氧化剂。奶瓶、微波炉用塑料制品应严禁使用双酚 A，因为这种物质对人的健康与安全产生极大威胁。制备婴儿奶瓶可选用聚碳酸酯为原料，这种塑料透明性高、强度高。

橡胶

橡胶是一类高弹性的线型柔顺的高分子化合物。橡胶分天然橡胶与合成橡胶两种。天然橡胶是由三叶橡胶树割胶时流出的胶乳经凝固及干燥而制得，天然橡胶分子是由异戊二烯单元首尾相连而成的，多为顺式结构。中国杜仲树胶为反式结构，常温时不显现弹性。

1839年，查尔斯·古德伊尔发明了改进天然橡胶的方法。通过将硫黄粉和天然橡胶混合加热制备出硫化橡胶。这种橡胶不但弹性很好，而且在加热时也不会像天然橡胶那样会发黏、变软；天冷时也不会像天然橡胶那样变脆。自行车轮胎最早就是用这种橡胶制造的。

复合材料

复合材料是将不同性能（或功能）的多种材料用化学方法使其结合成一体，得到具有某些特殊性能的新型材料。

碳纤维

碳纤维的直径虽然只有头发的十分之一，但将其加入塑料、陶瓷或者金属中组成复合材料，就会大大提升产品的硬度和轻薄度。因此碳纤维广泛用于飞机制造、火箭、人造卫星、汽车、钓具、网球球拍、高尔夫球杆、自行车的支架、帆船、雪橇、文具、精密仪器等制造领域。

碳纤维是指纤维中碳质量分数在95%左右的纤维材料和碳质量分数在99%左右的石墨纤维，碳纤维的结构具有类石墨的化学结构，属于乱层石墨结构。碳纤维被称为是新材料之王，是先进复合材料中，应用最多、最重要的一种增强纤维。碳纤维比铝还要轻，但强度却远超钢铁，并且具有耐腐蚀、高模量的特性，在国防军工和民用方面都有着广泛的应用。M40级碳纤维的应用，可使先进战机、航天器等变得更轻，耐温性也更高。通过结构和热防护系统质量的有效降低，战机的有效载荷得到极大的提升。

超材料

图5-23 隐身涂层

超材料一般是指具有天然材料所不具备的超常物理性质的人工复合结构或复合材料，如光子晶体、"左手材料""超磁性材料"等。采用超材料塑料研制的临空飞行器，具有强度高、质轻、抗紫外线辐射等性能。将新型人工电磁材料应用于战机，就有可能研制出具有吸波、隐身功能的新一代飞机（见图5-23）。

用于制备碳纤维的有机纤维主要是聚丙烯腈纤维、沥青纤维、黏胶丝或酚醛树脂纤维等。日本东丽公司在1984年就研制出了高强中模碳纤维T800，1986年完成了T1000研制，随后又有M60、M70J等性能更为优异的产品研发出来。在超高强度的高端碳纤维领域，日本东丽集团是全球规模最大的公司。中国企业自主实现高性能碳纤维生产较日本晚了近三十年。中复神鹰纤维有限责任公司牵头完成的"干喷湿纺千吨级高强/百吨级中模碳纤维产业化关键技术及应用"项目还荣获了2017年的国家科技进步一等奖。中国是全球碳纤维第三大国。中科院山西煤化所成功研制了T1000级超高强度碳纤维，它是一种聚丙烯氰基中空碳纤维，采用干喷湿纺技术制备，综合性能相较于T800级碳纤维更加优异。

隐形飞机的结构中有许多是用玻璃纤维、碳纤维、芳纶纤维等高分子材料制成的，隐身飞机上使用最多的吸波涂层是铁氧体或视黄基席夫碱盐聚合物。

碳纤维比任何其他已知纤维的断裂强度都要强（碳纳米管纤维也许更强一个等级），弹性好，但碳纤维却非常脆。碳纤维复合材料具有质轻、集成性强等特性，成为汽车轻量化材料的新宠，被广泛用于飞机制造、运动器械制造、高端相机三脚架制造等领域，如高尔夫球柄、网球拍等。

光纤之父高锟博士于1966年提出了光纤传导理论，并制造出世界第一根可用于通信的光导纤维。1970年，罗伯特·毛勒在柯宁玻璃工厂实验室里研制成功了玻璃纤维——光波导体（光导体），与激光一起作为光源，创造了光纤电信技术。2009年，高锟与另外两位科学家同获诺贝尔物理学奖。

玻璃纤维

由高折射率玻璃芯料和低折射率玻璃皮料组合成的复合纤维，是远距离传递信息的光导玻璃纤维。光纤成本低、材质轻、信号衰减低，而且不会受到电磁干扰。硅锗氧化物纤维是一种光导纤维，由高纯度 SiO_2 和 GeO_2 在 1500℃高温条件下烧制成直径 200mm、长 3m 的光棒，然后拉丝，组成从内部到表面形成梯度，只有头发丝粗的纤维可供 25000 人同时通电话而互不干扰。金属氟化物玻璃纤维可使光纤通信的距离扩展到 5000km 以上。光纤通信的容量比微波通信大 $10^3 \sim 10^4$ 倍，而且传输速度快。

玻璃纤维是非晶质的玻璃在熔融状态被快速拉伸成的纤维状物质，1939 年，无碱玻璃纤维问世，玻璃纤维质量得到明显提高。由玻璃纤维与聚合物合成的新材料同时具有玻璃纤维的强度和塑料的可塑性，且质轻、高强、不生锈，因而可制成船外壳或车身。玻璃纤维与热固性树脂的复合可以使屈服强度大幅度提升，玻璃纤维增强塑料作为第一个复合材料正式登上了历史舞台。由于玻璃纤维的增强作用，玻璃纤维增强聚酯（GFRP）的屈服强度可以达到 300MPa，而大量使用的低碳钢的屈服强度只有 195 兆帕。所以，玻璃纤维增强聚酯确实当得起"玻璃钢"这一美誉。GFRP 广泛应用于日用品、建筑材料和机械材料等领域，如一种实验防护用的高温炉手套，飞机、卫星、空间站建设等均有 GFRP 的身影。

陶瓷基复合材料

将石墨或聚合物纤维等与陶瓷结合，制成具有一定韧性的陶瓷基复合材料，可用于汽车、火箭发动机的新型结构材料。碳化硅（SiC）纤维是以碳和硅为主要组分的一种陶瓷纤维，主要用于增强金属和陶瓷，制成耐高温的金属或陶瓷基复合材料。金属网陶瓷基材料具有超强刚性，可作为防弹衣的材料。陶瓷基复合材料可用于喷气发动机涡轮叶片、飞机螺旋桨及涡轮机主动轴等零部件的生产制备。

橡胶复合材料

由纤维素进行纳米化（超微细化）处理后制成的碳纳米纤维（CNF），其

重量是钢铁的五分之一，强度却是钢铁的五倍以上。将碳纳米管（CNT）和CNF 两种纤维状碳材料与环状高分子材料聚轮烷结合在一起，开发出了像橡胶一样柔软，并且导热率与金属不分伯仲的橡胶复合材料，可用于柔性电子器件的热夹层材料、散热片和散热板等。

干燥空气密度约为 $1.293mg/cm^3$。比空气还轻的一种固体材料，密度仅为 $0.16mg/cm^3$，你能猜测出这种固体材料是由什么组成的吗？

气凝胶是一种由纳米颗粒和大量纳米级空隙构成的具有三维网络结构、密度很小的固体，它可以承受相当于自身质量几千倍的压力。气凝胶的导热性和折射率很低，绝缘能力比最好的玻璃纤维还要强 39 倍。浙江大学高分子系的高超课题组研制出一种超轻的气凝胶——"碳海绵"，它的密度仅是空气的 1/6。"碳海绵"具有极强的吸油能力，可吸收量达自身重量的 250 倍左右，最高可达 900 倍（见图 5-24）。

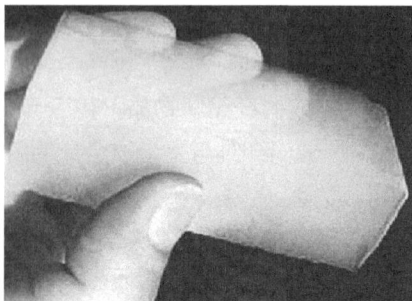

图5-24　气凝胶图样

趣味实验

趣味实验应在实验室中进行，并由老师指导完成。同学们在实验过程中要严格遵守实验操作规范，保证人身安全。

实验1　硫酸铜晶体的制备

五水硫酸铜（$CuSO_4 \cdot 5H_2O$）是蓝色透明三斜晶体，其溶解度受温度的影响较为显著，20℃溶解度为 32.0g，40℃溶解度为 44.6g，60℃溶解度为 61.8g，80℃溶解度为 83.8g。因此，制备硫酸铜晶体可采用溶液降温的方法进行。

一、实验器材与试剂

量筒，烧杯，温度计，药品勺，玻璃棒，细线，三脚架，铁架台，石棉网，漏斗、滤纸，酒精灯，棉花，火柴，显微镜，硫酸铜。

二、实验操作

按照图 5-25，加热配制 45℃左右的饱和硫酸铜溶液，若杯底有杂物或溶液有浑浊现象，则用脱脂棉或滤纸趁热过滤，得到澄清的饱和硫酸铜溶液（见图 5-26 ）。

图5-25　加热蒸馏水

图5-26　配制饱和硫酸铜溶液

待温度降到 30℃左右时，倒入洁净的小烧杯中，在容器口上置一张白纸，用棉花将小烧杯围起来，静置一夜，饱和溶液冷却后，析出晶体（见图 5-27 ）。

选择几何外形完整的晶体作为晶种备用（见图 5-28 ）。

图5-27　培养晶种

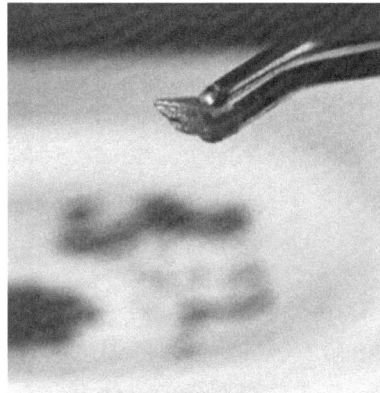

图5-28　挑选籽晶

用细线将挑好的晶种绑好，悬吊于 70℃左右饱和硫酸铜溶液中，细线的另一端固定在玻璃棒上（见图 5-29）。玻璃棒置于烧杯上，静止过夜，反复数次，至晶体长大。

将晶种用细线系好，置于高于室温一定温度的饱和硫酸铜溶液中，控制溶液的降温速率，使之形成较大尺寸的晶体（见图 5-30、图 5-31）。

图5-29　培养晶体

图5-30　15天后晶体大小

三、实验结果

实验得到尺寸较大蓝色硫酸铜晶体，由于其属于三斜晶系，外观对称性不高，规则性也不强（见图 5-32）。

图5-31　25天后晶体大小

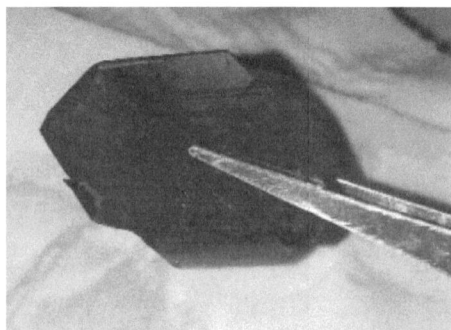

图5-32　实验得到的晶体

四、实验原理

硫酸铜的溶解度随温度的升高而显著增大，因此可采取降温的方法制备晶体。制备较高质量的晶体需要有一个核心（晶种），这样就能够使粒子按照一定的规则逐层地析出生长起来。为得到大尺寸的晶体，晶种要少，降温速度或溶剂蒸发速度要慢，要防尘、防震动。

晶体是在物相转变的情况下形成的。固体溶质从溶液里析出有一定几何形状的固体，这一过程叫作结晶。结晶是将可溶性固体从液体中分离出来的一种方法，结晶法主要有蒸发溶剂法、降低温度法等，需要根据物质溶解度曲线随温度变化趋势的差异进行方法的选择。为达到纯度较高的物质，一般多次进行重结晶处理。对于溶解度受温度变化影响显著的物质的分离纯化，一般可选择冷却热饱和溶液而使溶质结晶析出。对于溶解度受温度影响小的物质，可采用蒸发溶剂，使溶质从溶液中结晶析出。

NaCl、重铬酸钾、三草酸合铁酸钾、铬钾矾、氯化钴、KDP（KH_2PO_4）晶体等均可以采取类似的方法制备（见图 5-33 ～图 5-38）。

图5-33 NaCl晶体

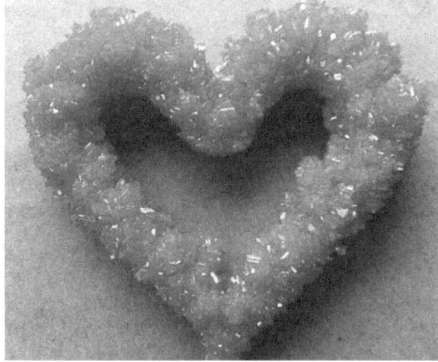

图5-34 重铬酸钾晶体

图5-35 三草酸合铁酸钾晶体

图5-36 铬钾矾晶体

图5-37　氯化钴晶体

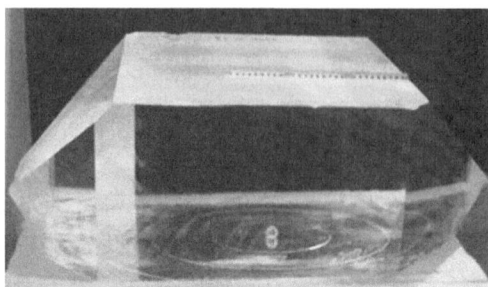

图5-38　KDP晶体

实验2　模拟自然界溶洞形成过程

　　天然的石灰石是由碳酸钙构成的，在水与CO_2的作用下会形成可溶于水的碳酸氢钙。一定条件下，可逐渐形成形貌各异的溶洞及钟乳石。世界各地具有千变万化的溶洞。溶洞内，各种形貌的钟乳石、石笋、石柱、石瀑布，如雕如镂、如诗如画、美不胜收。桂林七星岩和芦笛岩、杭州瑶林仙境是国内最著名的溶洞景观，大自然造就的溶洞奇观，令人向往。

一、实验试剂及用品

　　4%的磷酸氢二钠溶液，7%磷酸氢二钠溶液，氯化铜晶体，氯化铁晶体，胆矾晶体，明矾晶体，硫酸镁晶体等；带有滤网（孔径约8～10mm，见图5-39）的透明玻璃水杯，镊子，铜丝、泡沫板（见图5-40），药匙，玻璃棒等。

图5-39　滤网

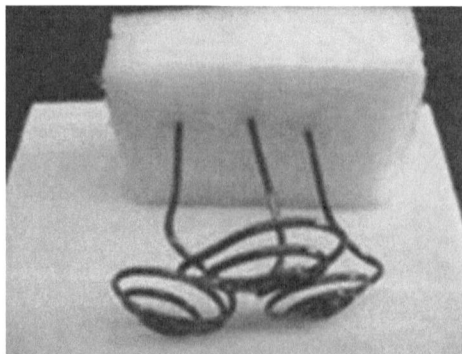

图5-40　自制简易晶体投放支撑架

二、实验操作

选用带有滤网（孔径约 8 ～ 10mm）的透明玻璃水杯作为反应容器（见图 5-41），将 4% 的磷酸氢二钠溶液倒入容器中，高度至滤网能够浸没即可。将氯化铜晶体放置于滤网上，且浸没在溶液中（见图 5-42）。

采用类似的操作，选取大小适宜的块状固体氯化铁置于滤网上，使之浸没在 7% 磷酸氢二钠溶液中（见图 5-43）。

图5-41　实验装置图

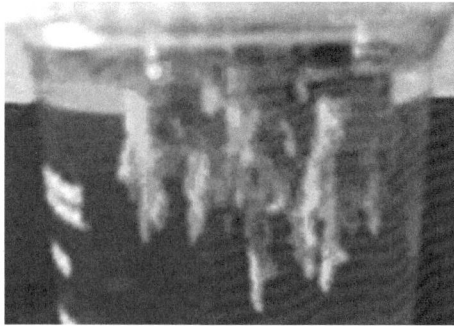

图5-42　氯化铜

三、实验现象

固体物质与生长液接触发生化学反应，在固体物质的表面形成具有半透膜性质的难溶物。

氯化铜晶体与 4% 磷酸氢二钠溶液反应（见图 5-44）的速率不同，难溶物生长形态也不一样。

图5-43　氯化铁

图5-44　$CuCl_2$ 与 Na_2HPO_4 作用

氯化铁晶体与 7% 磷酸氢二钠溶液反应（见图 5-45），形成类似自然界溶洞中的石瀑布的景观（见图 5-46）。

图5-45　$FeCl_3$与Na_2HPO_4反应

图5-46　天然溶洞（局部）

四、实验原理

　　铁、铜等离子与磷酸氢盐或磷酸盐反应，生成难溶性沉淀。一定条件下，将有关盐的晶体与磷酸盐溶液相接触，就可形成类似于水玻璃的半透膜性质的难溶物。该半透膜允许水分子往固体表面渗透，渗入的水又溶解固体物质，溶解液在重力的作用下，流向生长点（乳芽），又与生长液反应生成新的半透膜。因此可以看到，浸没的氯化铜晶体表面溶解，随之与磷酸氢二钠溶液反应生成磷酸氢铜沉淀，该难溶物包裹于氯化铜晶体的表面，滤网下方呈现出悬挂的蓝色沉积物乳芽。随着时间的推移，乳芽向下生长形成倒挂的"钟乳石"，部分"钟乳石"持续向下生长，形成"顶天立地"的"石柱"。部分溶解液随难溶物掉落至杯底，条件适宜情况下，能够从杯底向上生长，形成"石笋"，宛如自然界中的溶洞奇观。

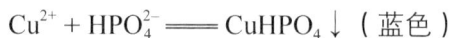

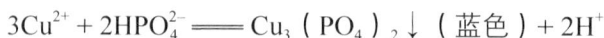

$$Cu^{2+} + HPO_4^{2-} \longrightarrow CuHPO_4\downarrow（蓝色）$$
$$3Cu^{2+} + 2HPO_4^{2-} \longrightarrow Cu_3（PO_4）_2\downarrow（蓝色）+ 2H^+$$
$$3Cu^{2+} + 2PO_4^{3-} \longrightarrow Cu_3（PO_4）_2\downarrow（蓝色）$$
$$Fe^{3+} + HPO_4^{2-} \longrightarrow FePO_4\downarrow（灰色）+ H^+$$
$$Fe^{3+} + PO_4^{3-} \longrightarrow FePO_4\downarrow（灰色）$$

　　可以看出，不同磷酸盐参与反应，体系的 pH 值不同，形成沉淀的速度也会有差异，这也是形成不同形貌的原因之一。

实验3　铝片长毛

　　铝是活泼金属，极易形成一层致密的极薄氧化铝膜，该膜若被损坏，氧化反应就可能向内持续跟进。白毛生长实验就是利用了铝汞齐能够不断地溶解铝，生成水合氧化铝。

一、实验用品

小电钻，棉花，吸管，滴管，滤纸，切刀，2mol/L HCl，铝块，液汞等。

二、实验步骤

1. 取约 4cm × 4cm × 0.5cm 金属铝块置于实验台面，铝块中心留一浅凹。

2. 滴加汞于铝块凹处，用电钻穿过汞滴破除氧化层，见图 5-47（a）、（b）。

3. 用吸管移除汞液，滴加数滴盐酸，见图 5-47（c）。

4. 滴加液汞，2～3分钟后移去汞，用棉花将液体擦去，并将润湿处擦干，见图 5-47（d）。

5. 移去铝块表面产物，用滤纸擦干净反应面，露出未氧化的铝表面，观察其在空气中的变化，见图 5-47（e）。

6. 将铝块表面的生成物移开，重复进行毛须生长实验。

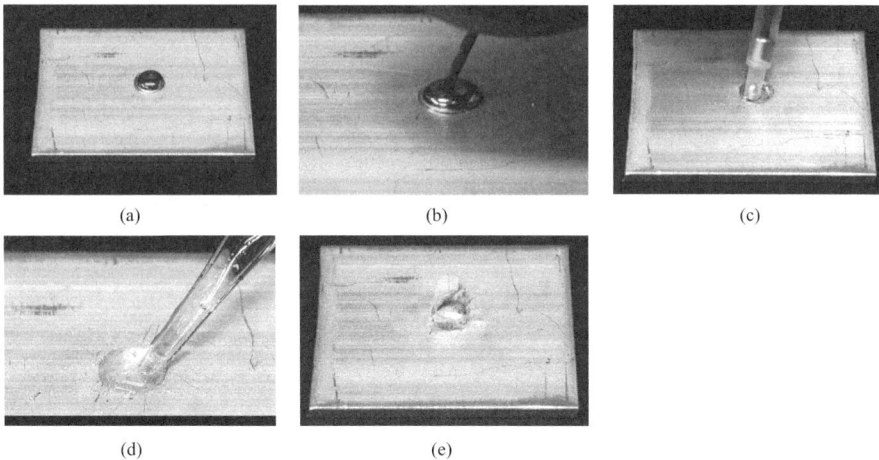

(a)　　　　　　(b)　　　　　　(c)

(d)　　　　　　(e)

图5-47　实验步骤

三、实验现象

铝块表面呈灰色处很快产生大量蓬松的氧化铝，似快速长出的一簇"白毛"。

将反应产生的水合氧化铝移开，露出反应覆盖过的铝表面，由于有未反应铝汞齐，所以又有氧化反应发生，继续生成灰白色、丝状的氧化铝，见图5-48

（a）～（c）。

移去反应产物，滴加少量盐酸，再加入汞。片刻后清除汞，清干表面，用小切刀轻划反应表面，又有大量蓬松的氧化铝析出，见图 5-48（d）～（i）。

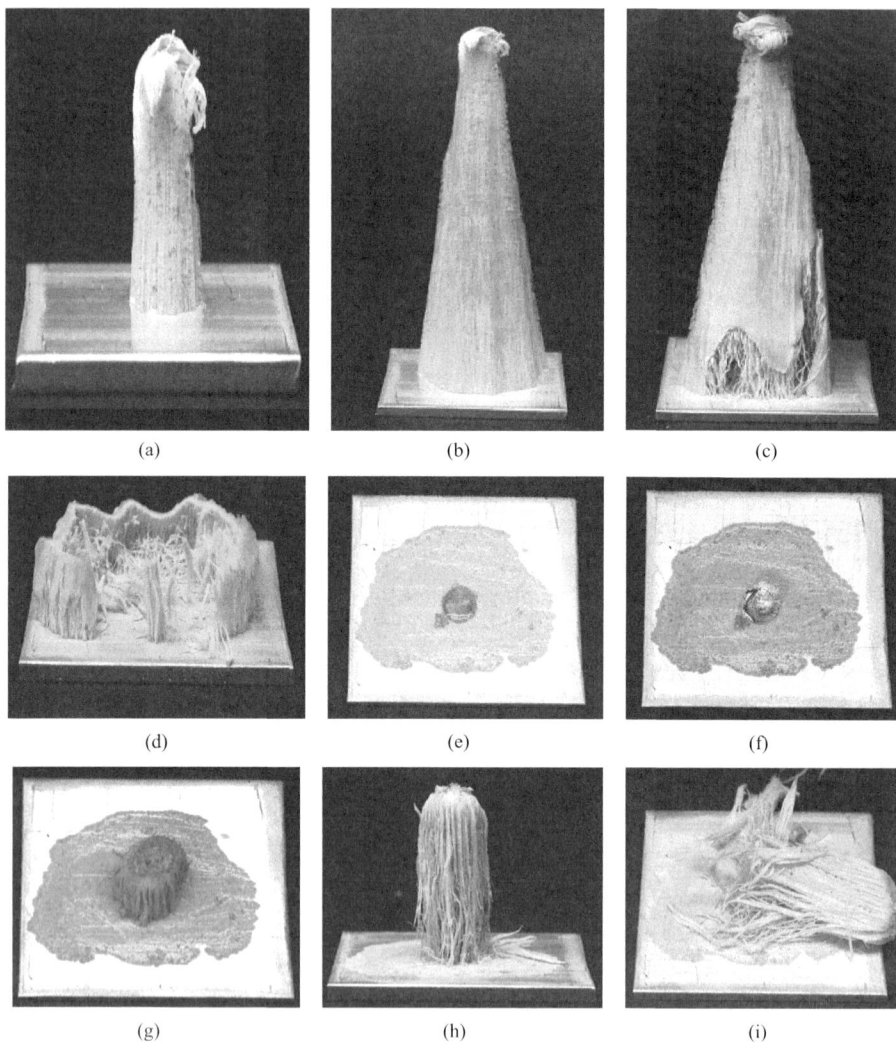

(a)	(b)	(c)
(d)	(e)	(f)
(g)	(h)	(i)

图5-48　实验现象

四、实验原理

金属铝具有极强的亲氧特性，空气中，铝块的表面形成一层致密的氧化膜，使其内部不能继续被氧化。

$$2Al + 3O_2 \equiv\!\!\equiv 2Al_2O_3$$

氧化铝与盐酸反应，破坏致密氧化膜。金属铝不但能与盐酸反应，且能够与汞形成铝汞齐（灰色）。铝汞齐暴露于空气中，极易与氧气和水形成大量蓬松的氧化铝。

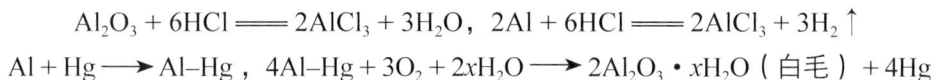

$$Al_2O_3 + 6HCl \equiv\!\!\equiv 2AlCl_3 + 3H_2O,\ 2Al + 6HCl \equiv\!\!\equiv 2AlCl_3 + 3H_2\uparrow$$

$$Al + Hg \longrightarrow Al\text{–}Hg,\ 4Al\text{–}Hg + 3O_2 + 2xH_2O \longrightarrow 2Al_2O_3 \cdot xH_2O（白毛）+ 4Hg$$

铝汞齐溶于水，产生氢气，所以有气泡产生。

$$2Al\text{–}Hg + 6H_2O \longrightarrow 2Al（OH）_3\downarrow + 2Hg + 3H_2\uparrow$$

五、注意事项

汞对环境有污染，因此实验最后在通风橱内进行，且回收实验用到的汞。

实验也可选用 1cm 见方的铝片，用砂纸擦去氧化膜，然后滴加 2 滴氯化汞溶液。当铝片表面呈灰色时，擦去液体，置于空气中，产生大量蓬松的氧化铝白毛。

第 6 章

发展中的化学科学

　　化学科学主要研究物质的组成与结构、反应与机制、性质与功能，是与材料、生命、信息、环境、能源等领域相互交叉、渗透的一个中心科学。历经百年，化学建立了完备的学科体系，发展出无机化学、有机化学、物理化学、分析化学、高分子化学等多个二级学科。

2018 年起，中国国家自然科学基金委化学部资助方向变化为：合成化学、催化与表界面化学、化学理论与机制、化学测量学、材料与能源化学、环境化学科学、化学生物学、化学工程与工业化学等 8 个领域。化学前沿研究的领域不再仅仅局限于传统的化学学科，而是与生物、药物、物理、计算机等多学科交叉融合。诺贝尔化学奖多次授予生物化学家、材料化学家等交叉学科的科学家，也体现了化学前沿研究的融合与变化。

化学是一门发现的科学、创造的科学，也是支撑国家安全和国民经济发展的科学。化学合成氨及农药的施用，显著提高了粮食产量，使得地球上至少一半的人口有足够的口粮。化学合成纤维工业解决了大多数人的穿衣需求，化学合成橡胶使得各种轮胎转动起来，化学合成塑料丰富了人类日常生活的方方面面。化学制药不但是人类健康卫士，且显著延长了人均寿命。

化学科学搭建了创新人才施展雄心壮志的舞台，想象力丰富的人可以自由驰骋，制备出性能更加优异的分子化合物。心灵手巧者可以进行分子剪裁，面广技高的人能够开疆拓土、开拓全新的交叉研究领域。本章选取分子机器、高温超导、锂离子电池、有机太阳能电池等话题进行介绍，期盼能引起读者的兴趣，体现发展中的化学科学前沿之一斑，展现化学科学更加美好的明天。

分子机器

机器是由金属和非金属部件组装成的消耗能源、可以运转、做功的装置，是现代文明的产物与象征。航母、大飞机、高铁、核反应堆等离不开功能各异的大"机器"，而医学领域所进行的微创手术及缩微雕艺术家追求的"机器"（或称工具、器械）则要求尽可能小。人类到底可以把机器做到多小？

若有人告诉你，最小的机器至少比头发丝直径小 1000 倍。你是否觉得这是一件不可思议的事情？什么样的机器能够做到如此之小？纳米尺度上的分子机器可以做到！

什么是分子机器？

分子机器是指由分子尺度的物质构成、能行使某种加工功能的机器，其构件主要是蛋白质、有机分子等。生物体内存在丰富多样、功能独特的分子机器，其中一项重要功能是控制体内物质的运输来维系生命体的正常运作。例如，ATP 合成酶是天然的分子转动马达，利用质子梯度的能量将 ADP 和磷酸转化成 ATP；肌肉中的肌球蛋白是天然的平动马达，它会拉动粗肌丝向中板移动，引起肌肉收缩；转运蛋白对离子及小分子物质的跨膜运输至关重要。自然界高度专一的化学过程是通过特殊的环境限制和弱相互作用协同实现的，其中非共价键的相互作用是形成高度专一性识别、输运、调控等过程的基础。

　　人工分子机器是指在分子层面的微观尺度上，设计开发出来的分子或者分子的集合体构成的机器。在向其提供能量时，它可移动执行特定任务或能够利用外部能量完成指定的操作。或者说，在合适的外界刺激下能够执行像机器一样运动的分子组装体。和生命分子一样，法国斯特拉斯堡大学索维奇教授、美国西北大学斯托达特教授和荷兰格罗宁根大学费林加教授成功地将分子连在一起，共同设计了包括微型电梯、微型电机还有微缩肌肉结构在内的分子机器。这类分子机器虽然只有头发丝千分之一粗细，却能执行受控任务。为此，2016年的诺贝尔化学奖授予了这三位科学家，以表彰他们在分子机器合成领域的卓越贡献。

索维奇　　　　　　　　斯托达特　　　　　　　　费林加

分子机器设计原理

　　生物分子机器运转的基本原理对人工分子机器的设计提供了重要灵感，人工分子机器的设计原理首先是组装金属 – 有机超分子结构限域体系，营造拟酶催化工作环境；其次是实现催化过程中电子转移过程的控制、空间与立体结构

的匹配和多步反应串联与协同；最后制备功能多样、立体结构明确的精细化学品——人工分子机器。

虽然人工分子机器设计十分简单，但合成起来却有点复杂，因为分子机器是在非共价键弱相互作用力下由不同的构筑基元组装而成，就像堆积木，不同形态的积木组合成不同的结构，而后通过化学反应使这种结构稳固下来。当然，分子机器上必定有功能各异的官能团，能够对微环境的变化做出某些应答。例如，若能将具有互锁关系的分子模块组装起来，就有可能通过对其调控，实现人工分子机器的制备。

分子机器作用机制

将机器缩小到纳米级是一个重大挑战，从化学角度设计合成人工分子机器一直是化学家追求的目标之一。大家知道，生物分子机器的各个模块之间是通过超分子相互作用组装起来的，而分子机器是远离平衡的系统，可以通过消耗各种形式能源维持运行做功。

人工分子机器若想要实现转动、伸缩、运输、催化、装配等各种功能，首先就是合成性能各异的分子组件，这是合成化学家及材料专家的强项。在过去的近 30 年里，研究人员已经设计并制造出了大量可以像乐高积木一样在纳米尺度上完成组装的分子机器部件，包括分子开关、分子棘轮、分子马达、分子连杆、分子环和分子推进器等。

以化学键为基础构建的人工分子机器组成模块中，有围绕碳碳单键的旋转，也有一些双键在光照或热等作用下发生顺反异构或开、闭环反应。轮烷、索烃等因体系 pH 值变化等产生一定的往复运动或相对转动，进而实现特定的分子开关、分子泵等生物功能。这种可逆型开关在未来不仅可用于制造热敏、光敏或是感受特定化学物质的传感器，还可用作体内纳米级药物载体的开关，在正确的时间和地点释放药物。

不同分子状态具有一定的能量壁垒，通过金属离子、体系酸碱的调节、光照或其他作用引发分子构型的转变，实现分子机器的某种功能，这是科学家正在进行的工作。合成化学家的想象力和技能将继续在开发新的结构框架中发挥关键作用，分子机器领域的研究不但将成为化学和材料设计领域的核心部分，而且为有机化学、生物化学、纳米科技等建立了一座桥梁。

分子机器研究概述

在 20 世纪中期，为了合成越来越复杂的分子，化学家们试着去创造分子锁链（称为"索烃"）——让环状分子能够互相连接。1983 年，索维奇就是利用光化学复合物作为模型，构建了一个环状的分子和一个新月形的分子，这两种分子能够被铜离子吸引（见图 6-1）。铜离子作为凝聚力让这些分子待在一起；接下来利用化学手段将新月形的分子和另一个分子"焊接"到一块，这样一来另一个环就形成了——它与之前的环状分子组成了锁链的第一个环扣，移走已经完成任务的铜离子。

图6-1　铜离子配位模板合成索烃

除非环分子内的共价键断开，否则互锁的环不能分开。如果两个互锁的环中，其中一个环能在接受能量后受控绕另一个环旋转，那么这就是非生物分子机器的最初雏形。当索烃中一个环上含有不对称的两个配位位点时（一个含有三个吡啶环、一个含有菲啰啉），通过控制铜离子的价态，就有可能实现一个环绕着另外一个环旋转的现象。是不是十分有趣？索维奇课题组，采用金属模板诱导等手段，构建了大量有趣的分子锁链，见图 6-2。

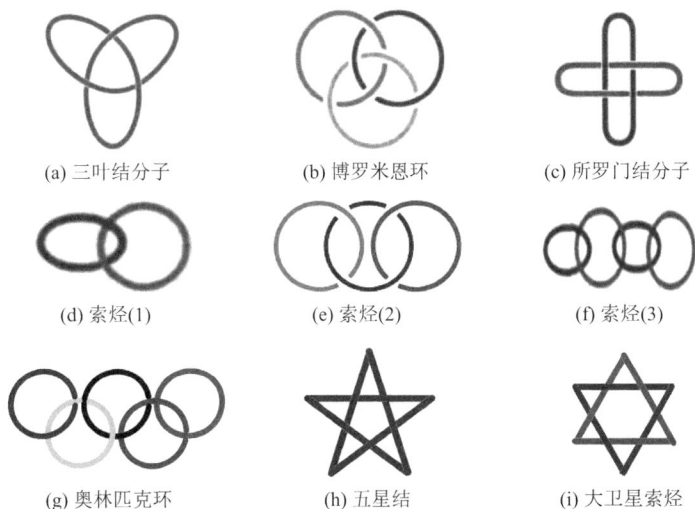

(a) 三叶结分子　　　　(b) 博罗米恩环　　　　(c) 所罗门结分子

(d) 索烃(1)　　　　(e) 索烃(2)　　　　(f) 索烃(3)

(g) 奥林匹克环　　　　(h) 五星结　　　　(i) 大卫星索烃

图6-2　部分有趣索烃分子形象示意图

机械互锁结构是一类分子间基于非共价键作用而相互缠绕锁定的超分子体系，通过金属离子模板法合成不同的轮烷或索烃，再通过外界刺激，诸如光化学或电化学或热能使套在一起的两个分子发生位移或旋转。合成索烃迈出了合成分子机器极为重要的一步，但如何使分子机器产生受控运动，则是其能够形成具有实际应用功能的重要环节。

环状分子结构与轴状分子结构的机械结合体被称为"轮烷"，轮烷分子索以氧化还原的方式或者 pH 的改变控制大环在线型分子上的落点，这便是最初的分子开关雏形。受生物分子机器的启发，曲大辉和包春燕教授合作首次提出利用人工合成的分子机器——分子轮烷独特的梭动性质来实现转运蛋白结构与功能的模拟，进行高效、选择性的离子跨膜运输。斯托达特的研究团队则使用各种轮烷来建构多种分子机器，如 2004 年合成了分子电梯（见图 6-3）。2005年前后，该团队设计了一种轮烷结构的分子肌肉（见图 6-4），并将其链接在金薄片的表面，在外界的刺激下，两个环型分子可以收缩和伸展 2.7nm，并造成薄片的弯曲，其中产生的力大约在 10^{-11}pN。虽然初期的研究尚不具备应用价值，但这类有趣的探究实验，开启了微观世界应用远景的大门。

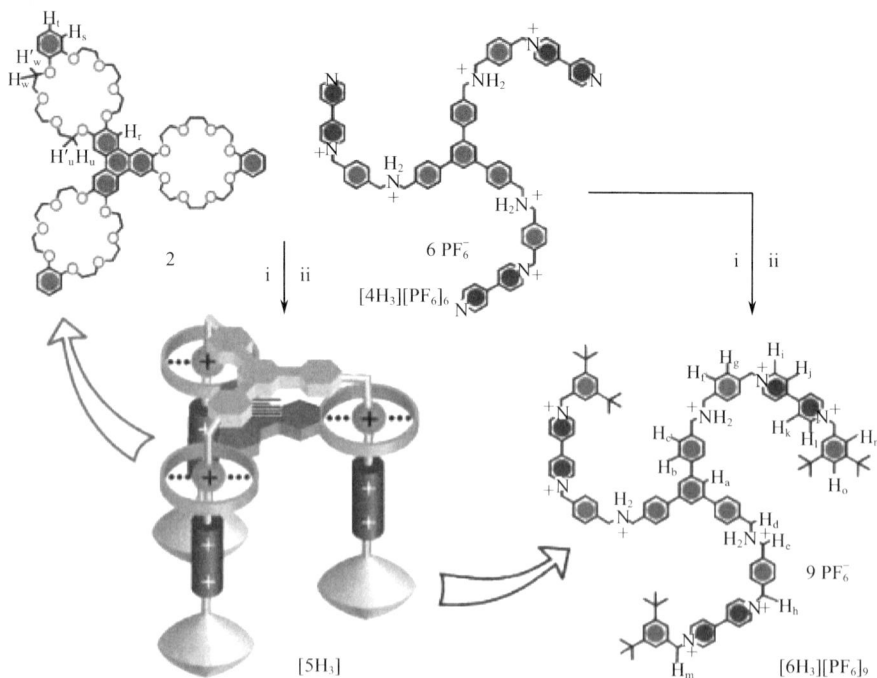

图6-3　分子电梯❶

---

❶ Badjic J D, Balazani V, Stoddart J F. Science, 2004, 303(5665): 1845−1849.

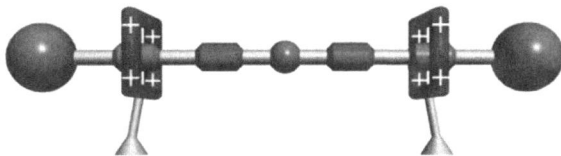

图6-4　轮烷分子肌肉❶

　　利用轮烷不但可以制备可切换型催化剂，而且可以将分子开关型轮烷制作成"分子存储器"。

　　1999年，费林加精心设计、合成了一个大位阻烯，该分子是由两个小旋翼叶片般的结构组成的，它们是两个平面的化学结构，由一对碳碳双键连接。每个叶片分别与一个甲基相连，它们和叶片一起如同棘轮般运作，迫使分子朝同一方向转动。当分子被暴露在紫外线脉冲下时，一个旋翼叶片可围绕中心的双键翻转180度，这在分子中产生了一种张力，得到一个不稳定的异构体。当这个刃片咬合住另一个刃片时，张力得到释放，此处反向旋转被阻止。在有热的情况下会自发异构化为稳定异构体，再进行一次光照顺反异构和热弛豫，即可完成一次单向的360度旋转。这是最早的在能量输入下可重复单向旋转的分子马达，并且是单一分子在光照条件下就能完成顺反式结构变化来实现分子级别的运动（见图6-5），并不涉及两个或两个以上分子的作用。分子这个过程不断重复，分子就一圈圈按照相同方向旋转。

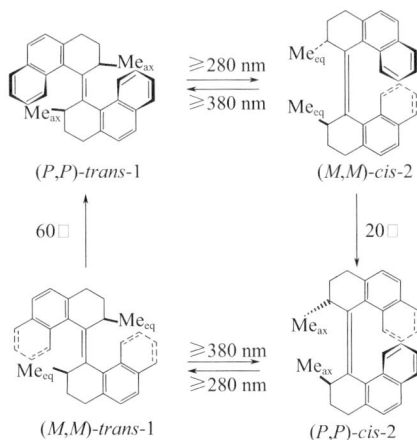

图6-5　单向转动的第一代分子马达❷

❶ Liu Y, Flood A H, Stoddurt J F. Journal of the American chemical Society, 2005, 127(27): 9745–9759.

❷ Koumura N, Zijlstra R W J, van Delden R A, et al. Nature, 1999, 401: 152–155.

　　第一个分子马达的速度并不快，不过，经不断优化，马达的旋转速度在2014年达到了1200万转/秒。将这种大位阻烯分子马达链接在金表面，其中，上半部作为螺旋桨，下半部为固定片，中间通过双键链接，尾部连有巯基。整个分子连在金表面，在光能和热能的作用下，可以使双键进行顺反式的转化，实现了金表面光驱动单向旋转的分子螺旋桨功能。

　　2006年，费林加的研究团队将分子马达连接在液晶薄膜表面，在光照的条件下，可以使液晶表面比分子马达大数千倍的物体（28微米长的玻璃圆柱）进行旋转。该课题组开发了一种可以使用"化学燃料"的新型分子马达系统——联芳烃分子（图6-6）。以单键为轴，通过对酚基转子的选择性保护/去保护以及内酯化，驱动转子相对于萘基定子转动。早些时候，费林加团队还对这一系统进行了改进，通过基于有机钯催化剂的氧化还原循环完成一次完整的旋转。2011年，他们设计了汽车形状的分子，这种四轮驱动"纳米汽车"包括四个含有大位阻烯的马达分子作为"车轮"，一个分子底盘将四个马达分子联结在一起，通过控制四个马达分子的不同构象（顺反），这台纳米汽车就可以在金属铜表面自由地行动了。2017年4月，来自全球各地的六个研究小组进行了世界上首次"纳米汽车"的竞赛。

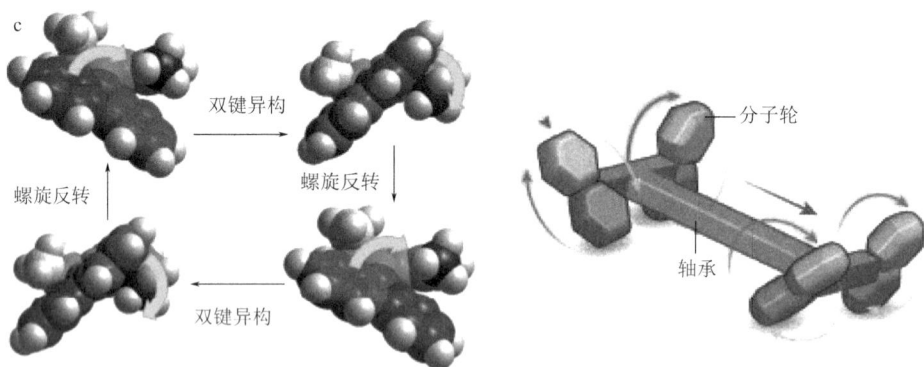

图6-6　费林加的四轮分子车[1]

　　2017年，费林加将纳米级的分子机器组装成厘米级的纤维，该纤维组成的纤维束在紫外光照射下成功举起一张纸片。美国莱斯大学的研究人员合成的分子机器能够吸附在细胞膜上，然后在紫外线照射下发生转动。转动的结果是细胞膜被破坏，从而导致细胞死亡，这或许可以用来杀灭癌细胞。

---

[1] Kudernac T, Ruangsupapichat N, Parschau M. Nature, 2011, 479: 208–211.

德国慕尼黑大学的化学家特劳纳课题组研制了一种光敏型康普立停 A-4，这是一种有着严重副作用的强效抗癌药，会无差别地攻击肿瘤细胞和相似的健康细胞，但当药物分子处于"关闭"状态时，分子内含有一个氮氮双键，药物整体上并不具备活性。只有当用蓝光照射分子时，氮氮双键被破坏，氮氮双键连接的两部分发生旋转而使药物分子重新产生活性。

分子机器未来应用

从发展的角度看，现在的分子马达就相当于 19 世纪 30 年代的电动马达，那时的研究者会在实验室里骄傲地展示各式各样的旋转曲柄和动轮，而丝毫不知这些东西将被应用于电动火车、洗衣机、风扇和食物料理机中。

如果将分子机器结合到如纳米管、石墨烯以及金属有机框架等其他半导体材料中，有可能开发出具有新功能与用途的新型材料。在宏观层面上，如果数以亿计的分子机器共同协作，确实能够改变材料的某些宏观性质。比如能够根据光或化学信号进行伸缩的智能凝胶就可以用来制造可调节型镜片或传感器。利用超分子自组装，将分子机器的单个分子运动，放大到物质宏观尺度而引起性质变化，将是分子机器发展的一个重要方向。分子泵、分子流水线等也许会将人类的文明带入一个前所未有的高度。

分子机器与生命运行的模式相似，如果在生命体内注入生物相容性的分子机器进行自由基的捕获，就可以及时清理对生物体有害的自由基，从根源上抑制衰老进程。如果利用分子机器可以定点移动的特点，对人体受损部位进行智能识别后进行分子层面的主动修复，则可以大大延缓衰老，甚至让人类永生。李苏平等开发出的 DNA 纳米机器人能够在血液中运行并发现肿瘤，且能递送一种导致血液凝结的蛋白，从而导致小鼠中的癌细胞死亡。将这种微型的分子机器注入人的血管，然后寻找癌细胞或释放药物，可以治疗心脑血管病和癌症。进入人体血管中的分子马达，可以清除心脑血管中的血块或者清理血管壁上的沉积物质，排除卒中的危险。相信不久的将来，置于体内的分子机器还可以实时监测人体健康状况的变化，对异常指标及时做出诊断，达到预防疾病的作用。

如何利用分子机器多稳态的开关功能进行信息存储、构筑分子逻辑门运算并发展至分子计算机，将是近期及今后研究的重点之一。

高温超导

　　无机固体化学在新材料领域的一个重要研究内容就是超导材料。超导材料因其具有零电阻、完全抗磁和通量量子化等优异特性，高温超导材料将从根本上改变人类的用电方式，给电力、能源、交通以及其他与电磁有关的科技业带来革命性的发展，正如半导体带来了资讯时代、光纤带来了传讯时代。

　　超导，是指某些材料在温度降低到某一临界温度，或超导转变温度以下时，电阻突然消失（零电阻）的现象。高温超导体所指的"高温"是指相对原来超导材料所需要的超低温（< –233.15℃，麦克米兰极限温度）高许多的温度（通常认为高于液氮温度 –196.15℃），而非一般认为的成百上千摄氏度的高温。国际电工委员会（IEC）在强电应用领域甚至定义 –248.15℃以上的为高温超导体。

　　高温超导是 20 世纪最伟大的发现之一，超导材料由于具有无损耗传输电能的优秀特质，但是其应用却因为极为苛刻的低温环境一直受到限制。虽然超导现象是物理学家的最爱，但超导体系的研究更多体现的是化学家深入参与其中，开展跨学科创新研究的成果。

高温超导原理

　　速率极低的电子运动不能满足对核心的覆盖，核心增大库仑力吸引相邻原子的价电子，所有原子都如此，形成了价电子排队从原子表面滑过，电子滑过不仅没有电阻，还得到核心的输运力，所以电阻为零。超导体系不同，超导成因自然不同，况且人类对超导的探究还不够透彻，尚未形成普遍适用的理论进行超导现象的阐述。金属及金属合金、铜氧化物超导体、铁基超导体、MgB_2 等超导材料中，电子是在什么相互作用的支配下，形成库珀对的？库珀对是如何形成位相相干、凝聚变成超导长程相干的？这是学者们正在探究的问题。

高温超导研究思路

自从发现超导现象以来，因其所具有的巨大潜在的应用价值，引发了无数物理学家、化学家、材料科学家全身心地投入研究。在对大量材料深入研究过程中，金属、合金和化合物的超导温度长期停留在23.2K，以铌钛（NbTi）和铌锡（Nb_3Sn）为主的低温超导材料虽已实现商业化生产，但须在液氦温区下才能实现超导特性，而液氦制冷的成本又非常高，所以其工程应用受到限制。

1986年，超导研究终于迎来了它的春天。一类稀土铜氧化物 La–Ba–Cu–O 体系具有金属导电性，$T_c = 35K$。这个看似不高的温度，却显著突破了超导材料 Nb_3Ge 保持近70年的23.2K的临界温度记录，相对之前总是在20K之下的低温超导，这已经算是"高温"了，故而称之为"高温超导体"。

钇钡铜氧陶瓷氧化物系超导材料（$T_c = 93K$）进入液氮温区，大大拓展了科技工作者的思路，大量的超导体系进入研究人员探究的视野，超导临界温度不断被刷（见图6-7～图6-9），125K铊钡钙铜氧系材料被发现，150K的 $HgBa_2CuO_{4+\delta}$ 也随之出现。超导材料商业化的主要瓶颈是其复杂的制备工艺，探寻新的非铜高温超导体系，仍是今后一段时间研究的热点之一。

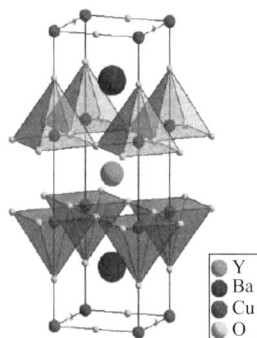

YBCO-123

图6-7 $YBa_2Cu_3O_{7-\delta}$（$T_c = 93K$）

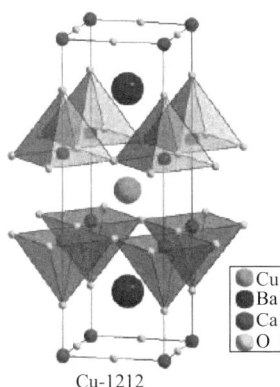

Cu-1212

图6-8 $CuBa_2CaCu_2O_{6+\delta}$（$T_c = 120K$）

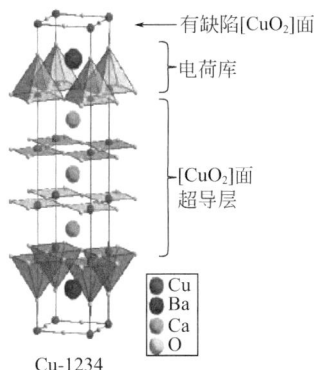

← 有缺陷[CuO_2]面

电荷库

[CuO_2]面超导层

Cu-1234

图6-9 $CuBa_2Ca_3Cu_4O_{10+\delta}$（$T_c = 126K$）

高温超导研究进展

各种代表性超导材料发现的年代及其临界温度，见图 6-10。

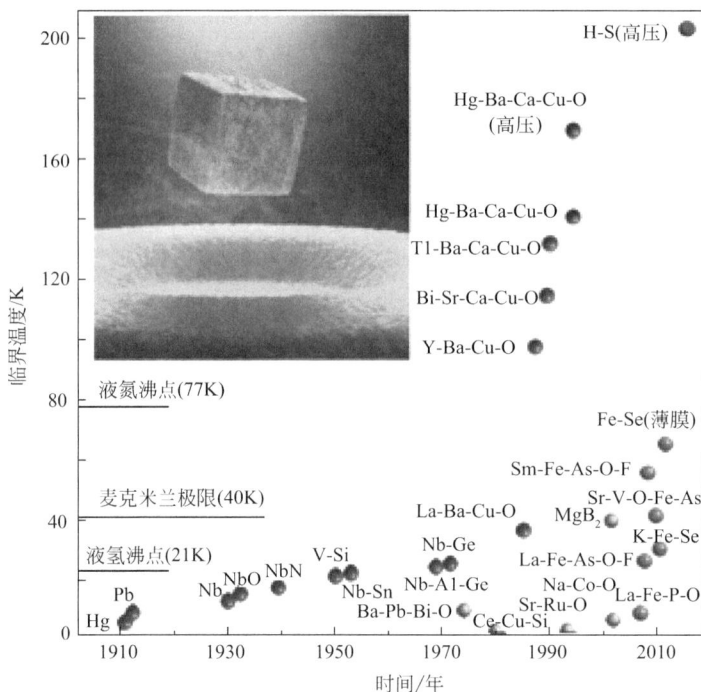

图6-10　各种代表性超导材料发现的年代及其临界温度

为了超导材料更广泛地应用，科研工作者不断探索临界温度更高、更易制备加工的高温超导材料。

1911 年，荷兰物理学家昂内斯发现金属汞的超导现象，超导临界温度为 4.2K（通常用 $T_c = 4.2K$ 表示）。昂内斯获得了 1913 年的诺贝尔物理学奖。

1933 年，德国科学家沃尔特·迈斯纳发现"迈斯纳效应"，即超导体具有完全抗磁性。

1954 年，马赛厄斯发现 Nb_3Sn 合金具有较高的磁场，$T_c = 18.1K$，商业化生产是在 1970 年。

1957 年，美国科学家巴丁、库伯和施里弗因共同发展出低温超导微观理论（BCS 理论），并获得 1972 年的诺贝尔物理学奖。

1961 年，美国科学家哈姆报道了 NbTi 超导合金，$T_c = 9.7K$；1968 年被完全产业化并获得广泛应用。

1973 年，盖维斯发现 Nb_3Ge 超导合金，$T_c = 23.2K$。

1973 年，约瑟夫森和贾埃沃因为超导的应用研究而获得诺贝尔物理学奖。

1980 年，丹麦 K Bechgaard 和法国的 Denis Jérome 发现有机超导体 $(TMTSF)_2PF_6$，$T_c = 0.9K$。

1986 年，卡尔·米勒和约翰内斯·贝德诺尔茨发现铜氧化物（$LaBaCuO_4$）超导体，$T_c = 35K$；不过，研究论文发表后，并没有引起科技界的关注。而在这一年，中科院物理研究所赵忠贤小组受到米勒研究体系的启发，立即开展了陶瓷氧化物体系超导性能的研究。先期制备出锶镧铜氧超导体，$T_c = 28.75K$。

1987 年初，赵忠贤、陈立泉领导的研究小组获得了 48.6K 的 LaSrCuO 超导体，并看到这类物质有在 70K 发生转变的迹象，由于该体系一举突破了 40K 的麦克米兰极限（金属或金属合金的超导临界温度不能突破 40K），况且离 77K 的液氮温区不远。消息一经问世，掀起了世界范围的超导研究热潮。但因国外的研究组在同样的体系中没有看到 70K 的迹象，质疑声四起。赵忠贤课题组意识到化学配比或杂质可能对超导临界温度影响极大，于是主动"引入杂质"，确立了钇钡铜氧体系，于 1987 年 2 月 19 日深夜发现了超导临界温度 92.8K 的液氮温区超导体。24 日召开新闻会发布相关研究消息，推动了世界范围的高温超导研究热潮。1987 年，美国吴茂昆、朱经武发表钇钡铜氧超导系材料，超导临界温度达 93K。数月内，钇钡铜氧体系 $T_c = 93K$，这是一个十分大的跨越。这一年还发表了铊钡钙铜氧系材料，超导临界温度达 125K。铜氧化物高温超导体具有形式多样的三维层状晶体结构，迄今发现的所有铜基超导体的晶体结构均含有相同的铜氧结构单元。因引燃世界范围超导研究热，米勒和贝德诺尔茨荣获 1988 年诺贝尔物理学奖。

1993 年，普季林发现 $HgBa_2CuO_{4+\delta}$（$T_c = 95K$）添加钙元素后，$T_c = 130K$；经高压合成处理，$HgBa_2CuO_{4+\delta}$ 的 T_c 提升到 150K。15MPa 条件下，$HgBa_2Ca_2Cu_3O_{9-\delta}$ 的 $T_c = 164K$。氧化物超导材料的临界温度已提高到了 160K 左右。不过，氧化物高温超导体成本高、脆性大，难以加工成线材。1993 年，俄罗斯格里戈洛夫等报道了在经过氧化的聚丙烯体系中发现了从 293K（室温）到 700K 都呈超导性的有机超导体。

2001 年，日本科学家秋光纯等制备了二硼化镁，T_c 达 39K。MgB_2 超导体成型工艺简单，原材料成本低廉，易于制成线材。美国爱荷华大学的研究小组已合成出 MgB_2 细线，其特点是高密度，低电阻率。

2003 年，阿布里科索夫和金兹堡因在超导方面的先驱性理论工作而获诺贝尔物理学奖。

2008 年，日本科学家 H. Hosono 发现铁基超导体 [1]La [$O_{1-x}F_x$] FeAs ($x = 0.05 \sim 0.12$), $T_c = 26K$。同年，中国科学家制备的 $SmFeAsO_{1-x}F_x$ 的超导转变温度 43K，突破了麦克米兰极限，说明铁基超导体是一类值得研究的高温超导体。

2012 年，薛其坤等发现单层 $FeSe/SrTiO_3$ 界面增强的高温超导电性，复旦大学封东来研究组在 $FeSe/BaTiO_3/KTaO_3$ 异质结中实现能隙闭合温度达到了 75K。

2015 年，德罗兹多夫等报道了在 155GPa 的零场冷却条件下得到的 H_2S 超导材料，$T_c = 203K$；这一发现为在以氢为基础的其他材料中达到室温超导性带来了希望。

2019 年 5 月，德国马克斯普朗克化学研究所的德罗兹多夫等人在《自然》杂志上发表其研究成果，证实了氢化镧在受到地球大气一百万倍的压力压缩时，可以在 250K 条件下实现超导。对于氢化镧来说，高压环境可以让一种化合物 LaH_{10} 的结构变得稳定，它含有的氢比常压下能达到的比例更高。德罗兹多夫等人使用金刚石对顶砧实现了这种高压环境，并验证了材料零电阻和有磁场的时候临界温度会降低的超导特性，证明了氢化镧（LaH_{10}）的高温超导性。

高温超导应用展望

利用超导体的这些特性可以传输大电流、获得强磁场、实现磁悬浮、检测微弱磁场信号等，因此超导材料广泛应用于电力、电子、军事、医疗、交通运输、高能物理等许多领域（见图 6-11、图 6-12）。

图6-11　磁悬浮列车

---

[1]　Yoichi Kamihara, Takumi Watanabe, Masahiro Hirano, et al. J Am Chem Soc, 2008, 130: 3296–3299.

　　超导体在一定条件下具有常规导体完全不具备的电磁特性，在电气与电子工程领域具有广泛的应用价值。铜氧化物高温超导体很难得以大规模应用，因为这类材料本身属于陶瓷材料，在柔韧性和延展性上都远远不如金属材料，在材料机械加工等许多方面存在着严重的困难；更重要的是，铜氧化物高温超导体可以负载的最大电流相对较低，这也就导致它暂时还没有办法在一些需要高电流、强磁场的领域应用。如若能够克服以上不足，

图6-12　真空管道超高速磁悬浮列车环形实验线

则氧化物高温超导材料在能源、电力、交通运输、强磁体和军事领域的大规模应用成为可能。

　　发展高温超导电力技术是在 21 世纪的高技术竞争中保持尖端优势的关键所在，超导电缆、超导限流器、超导变压器、超导电流引线、超导发射装置、超导激光武器、超导电磁力推进装置，甚至航母上飞机起飞的电磁弹射装置等，都需要高温超导磁体提供保障。

　　德国利用高温超导磁体的涡流加热技术，将铝材热加工的电能转化效率提高 30%。磁约束核聚变装置、高分辨超导核磁共振仪、医疗核磁成像、高能加速器等都是超导的重要应用。除了上述强电方面的应用外，超导弱电应用中的超导量子干涉器、滤波器。

　　超导体在超导磁悬浮方面的应用更值得期待。与日本试验速度 603km/h、美国创造的 1019km/h 轨道速度的低温超导磁悬浮列车不同，西南交大开展的是高温超导磁悬浮列车研究，时速 1000km/h（中期目标 1500km/h，远期目标 4000km/h）。

　　不断探索更高临界温度的超导体，实现室温或较高温度超导一直是科学家研究的重要目标，也是提升超导材料及其应用技术发展水平的需求。解决高温超导机理被《科学》杂志列为是人类面临的 125 个重要科学问题之一。探索更高超导临界温度的超导体，特别是室温超导体，是人们孜孜追求的下一个梦想。如果能发现室温超导体，或性能更优越的超导体，将把人类社会带入超导时代。

锂离子电池

　　材料是人类赖以生存和发展的物质基础，高效能源材料是指支撑能源发展的、具有高效率的能量储存和转化功能的功能材料或结构功能一体化材料，它是发展新能源与可再生能源的核心和基础。高效能源材料催生了低碳等新能源与可再生能源的开发。新能源材料主要包括嵌锂碳负极和 $LiCoO_2$ 正极为代表的锂离子电极材料，储氢合金材料为代表的镍氢电池材料和燃料电池材料；Si半导体材料为代表的太阳能电池材料，相变储能材料，热电材料以及发展风能、生物质能和核能所需的关键材料等。当前研究热点和技术前沿包括锂离子电池材料、高容量储氢材料、质子交换膜燃料电池和中温固体燃料电池相关材料、薄膜太阳能电池材料、热电材料、相变储能材料等，以及发展高效能量转换与储能材料体系。

　　锂离子电池是指分别用两个能可逆地嵌入与脱嵌锂离子的化合物作为正负极构成的二次电池。全球都在使用锂离子电池来为我们用于交流、工作、学习、听音乐和搜寻知识的便携式电子设备提供动力。锂电池还使远程电动汽车的发展和太阳能、风能等可再生能源的储存成为可能。

　　2019 年诺贝尔化学奖授予美国得州大学奥斯汀分校古迪纳夫教授、纽约州立大学宾汉姆顿分校威廷汉教授和日本化学家吉野彰，以表彰其在锂离子电池的发展方面作出的贡献。

| 古迪纳夫 | 威廷汉 | 吉野彰 |

锂离子电池工作原理

一般来讲，普通电池的工作原理大都基于"氧化 – 还原反应"。而锂离子电池的工作原理是基于锂离子的电化学嵌入 – 脱嵌反应。这里以钴酸锂作锂源正极材料，石油焦作负极材料，六氟磷酸锂（$LiPF_6$）溶于丙烯碳酸酯和乙烯碳酸酯作电解液的可充放电二次锂离子电池为例，简要说明锂离子电池工作原理。

电池充电时，阴极中锂原子电离成锂离子和电子，生成的锂离子经过电解液运动到负极。而作为负极的碳呈层状结构，它有丰富的微孔。到达负极的锂离子就嵌入到碳层的微孔中，并且锂离子向阳极运动与电子合成锂原子。放电时，嵌在负极碳层中的锂离子脱出（锂原子从石墨晶体内阳极表面电离成锂离子和电子），运动到正极，并在阴极处合成锂原子。

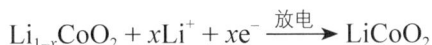

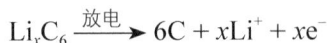

正极反应：$LiCoO_2 \xrightarrow{\text{充电}} Li_{1-x}CoO_2 + xLi^+ + xe^-$

$$Li_{1-x}CoO_2 + xLi^+ + xe^- \xrightarrow{\text{放电}} LiCoO_2$$

负极反应：$6C + xLi^+ + xe^- \xrightarrow{\text{充电}} Li_xC_6$

$$Li_xC_6 \xrightarrow{\text{放电}} 6C + xLi^+ + xe^-$$

总反应：$LiCoO_2 \xrightarrow{\text{充电}} Li_{1-x}CoO_2 + Li_xC_6$

$$Li_{1-x}CoO_2 + Li_xC_6 \xrightarrow{\text{放电}} LiCoO_2$$

由于在锂离子电池的充放电过程中，锂离子处于从正极→负极→正极的运动状态，因此锂离子电池又被称为"摇椅式电池"。

锂离子电池研究思路

人们较早使用的可充电二次电池体系主要包括铅酸电池、镍镉电池和镍氢电池，它们都是基于水系电解液条件下在正负极发生氧化还原电化学反应的机制，工作电压和能量密度均不高。人们期待开发出工作电压和能量密度更高的可充电二次电池新体系。

进入 20 世纪 80 年代，由于手机和笔记本电脑的出现，体积大且容量不足的镍锌电池已经无法满足需求，对大容量且轻巧的充电电池的需求变得越来越

迫切，尤其是研发新型大容量充电电池。锂元素由于质量轻和电负性低，用其作电池负极可以得到高质量比能量和高电压的电池。当时，市场上已经出现了以金属锂为负极的锂电池，但可充电锂电池尚未投入应用。由于金属锂遇水易燃烧，充电过程中有可能形成锂枝晶，锂电池的实验存在许多不安全因素。为解决锂电池自燃这一难题，吉野彰在使用有机溶媒成功将白川英树（2000年诺贝尔化学奖得主）发现的导电聚合物作为充电电池负极，古迪纳夫在1980年确定了钴氧化物是最好最稳定的阴极材料，解决了电池自燃自爆的安全问题。1983年，吉野彰又利用古迪纳夫发现的钴酸锂等锂的过渡金属氧化物，制造出安全、高效和可靠的锂离子充电电池的原型。这种电池储存的能量是市场上室温可充电电池的2～3倍，不仅体积更小而且性能相同甚至更好。锂离子电池既保持了锂电池高电压、高容量的主要优点，又具有循环寿命长、安全性能好的显著特点，因此20世纪末到21世纪初，几乎所有新出现的文明机器大都由锂离子电池驱动。

金属氧化物电极允许更高电压的充放电，储存更多能量而且不易爆炸。采用钴酸锂制备的锂离子电池与镍镉电池相比，重量减轻三分之一，为移动电子设备提供了能源。1991年，索尼公司开始将锂离子电池商业化，迅速在手机、笔记本电脑、数码相机、摄像机和便携式音乐播放器中得以广泛使用。为降低锂离子电池成本，1997年，古迪纳夫等对磷酸铁锂（$LiFePO_4$，LFP）进行了开创性的研究。研发出被认为是最适合应用于动力电池的正极材料之一。

在锂离子电池的研究中，正负极材料的研发，是锂离子电池发展的关键所在。采用不同化学方法制备的不同粒径、形貌的电极材料，所组装成的电池性能有较大的差异。

锂离子电池研究进展

电池的诞生源于意大利解剖学家伽伐尼1780年对青蛙解剖时发现的"生物电"现象。意大利物理学家伏特于1799年制成了世界上第一个所谓的电池，"伏特电堆"。1836年，英国科学家丹聂耳利用铜锌电位差制成最早的原电池。1859年，法国人普朗特发明了铅酸蓄电池（铅电极，硫酸电解液），可充电型二次电池。1860年，法国雷克兰士发明了碳锌干电池。1899年，瑞典人容纳发明镉镍电池，循环寿命可达2000～4000次。1947年，美国发明家诺伊曼开发出密封镉镍电池，密封 Ni–Cd 电池于 1951 年得以商业化生产。

锂金属的电化学始于 1913 年美国化学物理学家 G. N. 刘易斯（G. N. Lewis）和 F. G. 凯斯（F. G. Keyes）的研究工作，目的是为军方提供高效的储能装置。1958 年，美国加州大学伯克利分校的哈里斯博士提出采用有机电解质作为锂原电池的电解质，并筛选出碳酸乙烯酯和碳酸丙烯酯作为非水电解液。

1962 年，奇尔顿和库克提出"锂非水电解质体系"的设想，金属锂为负极，正极为银、铜、镍等金属卤化物，电解液选取 $LiCl–AlCl_3$ 溶解于丙烯碳酸酯。众多科学家研制了大量的锂电池体系，如：$Li–I_2$，$Li–Ag_2CrO_4$，$Li–(CF_x)_n$，$Li–MnO_2$，$Li–SO_2$，$Li–SOCl_2$ 等。20 世纪 70 年代的能源危机使人类意识到寻找化石能源替代品的紧迫性，锂作为能源材料具有极大的潜力，但金属锂易与水发生爆炸性反应，空气中可被剧烈氧化。1973 年，锂被用作电池的电极，产生约 2V 的电势差。这是利用了锂离子能够逐渐占据（TiS_2）材料层间空间的八面体位置，形成化学插层效应的电化学嵌入。

锂离子电池的基本概念，始于 1972 年阿曼德等提出的"摇椅式"电池。威廷汉采用 $TiS2$ 作为电池阴极材料，金属锂作阳极，锂离子储存于阴极二硫化钛材料的间隙中。电池放电时，锂离子从阳极的锂流入阴极的二硫化钛中；电池充电时，锂离子则反向移动。$Li–TiS_2$ 电池深度循环接近 1000 次，每次循环损失低于 0.05%。

锂离子电池是一个涉及化学、物理、材料、能源、电子学等多学科的交叉领域。锂离子电池的优点是，它们不是基于分解电极的化学反应，而是基于锂离子在正极和负极之间来回流动。不过锂电池在反复充放电过程中，锂电池的电极上可能长出一些细小的枝晶；若小枝晶刺穿隔膜，触及另一个电极时，会造成电池短路，释放的能量使其发热，导致着火甚至爆炸。

1976 年，埃克森美孚申请了锂电池专利（TiS_2 和金属锂），制备了扣式 Li/TiS_2 蓄电池（见图 6-13）。1979 年，加拿大推出了圆柱形 Li/MoS_2 蓄电池，1987 年投产生产。不过，1989 年 8 月日本电信电话公司使用 Li/MoS_2 电池的移动电话发生起火事故，使得二次锂离子电池的生产被迫停产。

1980 年，古迪纳夫发现 $LiCoO_2$ 是良好的锂离子电池阴极材料（1979 年申请专利，1982 年获得授权）。古迪纳夫生于 1922 年，大学先修了古典文学，后转到了哲学方向，最后拿到了数学学位。1951 年和 1952 年分别在芝加哥大学物理学获硕士和博士学位，博士学的是固体物理方向，1976 年进入牛津大学化学系工作。古迪纳夫知道使用金属氧化物而不是金属硫化物制造电池的阴

极，则能产生更大的电势。金属氧化物在被锂离子嵌入时要产生高电压，而当离子被去除时对材料也不会有不利的影响。1979 年，古迪纳夫发现如果电池的阴极材料使用钴酸锂（$LiCoO_2$），电池可产生约 4 伏的电压，电力几乎翻了倍（见图 6-14）。

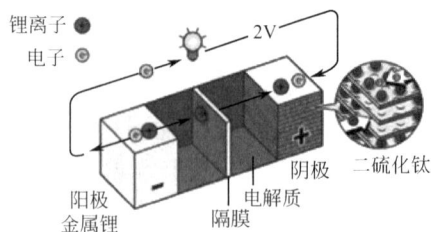

图6-13　Li/TiS_2电池示意图　　　　图6-14　$Li/LiCoO_2$电池示意图

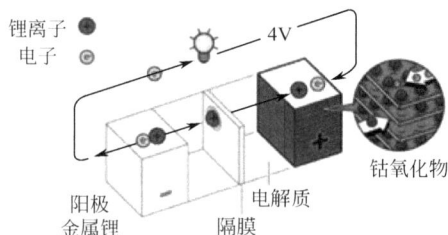

小贴士

将氢氧化锂和草酸铵等物质的量混合，于玛瑙研钵中研磨。然后加入等物质的量的醋酸钴，混合研磨，得粉红色糊状中间体。然后在 150℃真空干燥，得前驱体。将该前驱体在空气气氛下于 500 ～ 800℃焙烧，得晶粒尺寸小于 100nm 的 $LiCoO_2$ 粉末。充放电性能测试结果表明，700℃焙烧的样品具有很好的电化学性能，初始充、放电比容量分别为 169.4mA·h/g 和 115.3mA·h/g，循环 30 次后，放电比容量大于 101mA·h/g。

1983 年，M. 撒克里和古迪纳夫等发现锰尖晶石（$LiMn_2O_4$）是优良的正极材料，价廉性稳安全好。1985 年，吉野彰制造出了世界上第一块现代锂电池。1986 年，吉野彰开发了第一种有商业价值的锂离子电池。他在电池的阴极使用古迪纳夫的钴酸锂，阳极使用一种碳材料——石油焦，后者也可以嵌入锂离子（见图 6-15）。这种电池的性能并不基于任何破坏电池结构的化学反应，只有锂离子在两个电极之间来回移动，这让电池拥有了很长的使用寿命。

1997 年，A. K. Padhi 和古迪纳夫等发现了新型橄榄石结构的磷酸铁锂（$LiFePO_4$），原料来源广，制备成本低，用 $LiFePO_4$ 材料来代替钴酸锂，可能比传统的正极材料更具优越性。

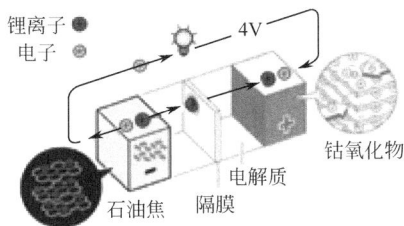

图6-15 石油焦/钴氧化物电池示意图

1999 年，可充电锂离子聚合物电池商业化生产，中国于 2000 年实现锂离子电池商业化生产。

2012 年，古迪纳夫提出了全固态电解质的概念，2019 年古迪纳夫获诺贝尔化学奖时已是 97 岁高龄的科学家，说明"活得久"也是获得诺贝尔奖非常重要的一个条件。

比亚迪 2020 年 3 月推出的"刀片电池"，体积能量密度比传统磷酸铁锂电池提升 50%，使之应用于电动汽车的部分短板被克服，安全性优于三元锂电池。2020 年 6 月，安徽盟维新能源科技有限公司研发的新一代锂金属电池能量密度 500W·h/kg，较目前在售电动车型中续航里程最长的 2019 款特斯拉 Model S/X 所用电池能量密度（约243W·h/kg）高一倍左右。英国一家企业 2020 年 3 月生产的新款锂硫电池，能量密度 471W·h/kg，有望提升至 500W·h/kg。

锂离子电池未来应用展望

锂电池曾和晶体管一起被视作电子工业中最伟大的发明，如何提出新原理、新体系、新方法实现能量密度更高、更安全、充电更快的储能过程？如何在电子、原子、分子、材料尺度理解储能过程中电极的演变规律？如果锂电池成为未来社会储能的主体，如何结合地球上有限的资源，实现电池的全链条回收和再制造？这些还是悬而未决的挑战。在这样的形势下，涌现出锂硫电池、锂空气电池、钠离子电池、钾离子电池、镁离子电池、铝离子电池、锌离子电池、固态电池等许多新体系电池。开发新型、廉价的正极材料是目前锂离子电池研究的热点课题之一。

锂离子电池的关键部件是正极和负极，钴酸锂的晶格结构为八面体堆积，磷酸铁锂为四面体和八面体混杂堆积（见图6-16），为提高 Li 离子扩散性、增加导电性、提高离子迁移率和充电 / 放电的容量，四面体堆积型的硅酸锂盐应是一种潜在的高容量电极材料（见图6-17）。

 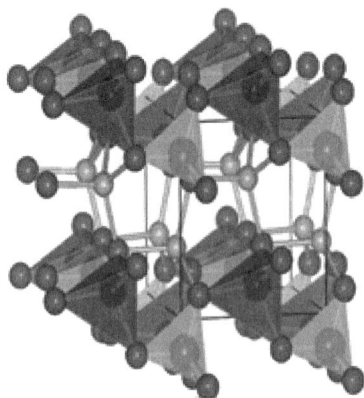

图6-16　$LiFePO_4$的晶格结构示意图　　　　图6-17　Li_2MSiO_4的结构示意图

如果能够研制成功以纯锂或纯钠作为电池阳极的超级电池，其储存的能量将比目前的锂离子电池多 60% 以上，从而使电动车具有与燃油汽车相抗衡的实力。复合固态电解质引入二次电池中，带来了锂离子的新输运机制，降低可燃物质的比例，提升了电池的安全性。

随着电动汽车逐步进入实用化阶段，锂离子电池作为电动汽车的蓄电装置必将应用于更广阔的领域。

有机太阳能电池

太阳能作为最重要的可再生新型能源，具有储量巨大、分布广泛以及清洁安全等诸多优势。有数据表明每年太阳光发射到地球的能量超过人类目前消耗总能量的几千倍。当前，太阳能利用技术主要有以下 3 种方式：光－热转换利用、光－电转换利用和光－化转换利用。人类迫切地需要将太阳能转化为电能来替代传统能源，太阳能电池这种将太阳光转化成电能的装置便应运而生。

有机太阳能电池的工作机理

太阳能电池发电的原理是基于光伏效应，半导体中可以利用各种势垒（如p–n结、肖特基势垒、异质结等）形成光伏效应。

当太阳光线照射到太阳能电池表面由p、n两种不同类型的半导体材料构成的p–n结时，一部分光子被半导体材料吸收，使电子发生跃迁，形成电子空穴对。一部分产生光生载流子，有机半导体产生的电子和空穴束缚在激子之中，在p–n结内建电厂（势垒）的作用下，空穴由n区流向p区，电子由p区流向n区，电子和空穴在界面（电极和导电聚合物的结合处）上分离。如果从材料两侧引出电极，并接上负载就会产生电压和电流，对外部电路产生一定的输出功率。

有机体异质结太阳能电池的光电转换工作机理和过程可以简单分为以下4个过程（见图6-18）。

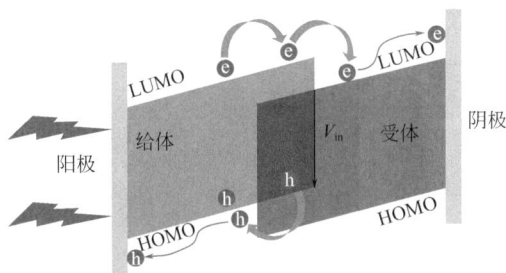

图6-18　有机体异质结太阳能电池的光电转换示意图

① 给体分子（聚合物）材料吸收入射光产生激子；

② 产生的激子扩散到给/受体两相界面；

③ 给体材料与受体材料为p–n结，形成内建电场，激子在电场作用下在给/受体界面处发生电荷分离，生成载流子，即自由空穴和自由电子；

④ 自由空穴和自由电子分别向2个电极传输并被电极所收集。

太阳能电池研究思路

随着世界人口的增长和经济的快速发展，曾经作为最重要的一次能源的化石燃料存储量日益减少，消耗殆尽只是时间问题，并且使用化石燃料还引发了

许多环境问题，寻找新的可替代能源已经刻不容缓。

太阳能的利用除了光－热转化发电外，最主要的就是光－电转换。太阳能光伏电池根据材料的原料，可以分为第一代晶硅太阳能电池（单晶硅、多晶硅等），第二代无机薄膜太阳能电池（CdTe、GaAs等），第三代新型太阳能电池（有机染料敏化、钙钛矿、纳米晶、量子点等）。

单晶硅、多晶硅和非晶硅及硫化镉等无机太阳能电池依据半导体技术的进步而成为第一代太阳能电池的佼佼者。但因存在价格昂贵、工艺复杂、稳定性较差等缺点，科技工作者需要寻找可以代替硅基无机半导体的电池，铜铟锡薄膜太阳能电池和有机薄膜太阳能电池等进入科技工作者的视野。尤其是有机薄膜太阳能电池由于有着能够自行设计合成分子结构、材料可选择余地大、毒性较小、成本较低等优点而受到重视。

利用廉价的材料高效地将太阳能转化为电能，是无数研究人员一直孜孜以求的目标。有机太阳能电池拥有便宜、质量轻、体积小等优点，已成为光电科技领域关注的重要研究对象。

太阳能电池研究进展

1839年，法国物理学家贝克勒耳发现了光伏效应，后来用硒做出了实际的太阳能电池。

1883年，弗里茨制备出第一块太阳能电池（锗半导体材料覆金箔），光电转换效率（η）约1%。

1946年，R. 奥尔申请了现代太阳能电池的制造专利。

1954年，美国的贝尔研究所成功地研制出第一块硅基太阳能电池，η达到6%，标志着借助人工器件将太阳能转化为电能成为可能。基于半导体基础的太阳能电池是早期研究的重点，商品化面积为10cm × 10cm的单晶硅太阳能电池，η达到14%～15%。硅太阳能电池在实验室里最高的转换效率达到了24.4%（最新值26%），接近理论效率29%的上限。

1958年，卡恩斯和卡尔文用镁酞菁制备成第一个有机光电转化器件，但是光电转化效率十分之低。

1974年，瓦格纳等科研人员在单晶$CuInSe_2$材料上外延生长CdS，制成了$CuInSe_2$/CdS异质结太阳能电池，获得了12%的转化效率。1994年，$CuInSe_2$薄膜太阳能电池的η达17.6%。

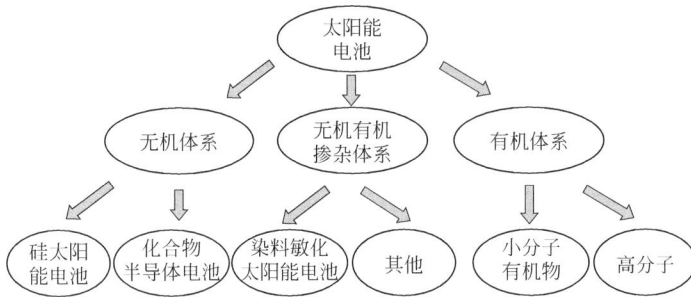

1976 年，卡尔森等科研人员首次报道了第一个非晶硅太阳能电池，初期 η 为 2.4%。1997 年，最好的 η 值增加到 14.6%，最高达 18%。部分半导体化合物具有较高的 η 值，如 CdTe 15%，InP19.1%，GaAs 37.4%。

1986 年，柯达公司的邓青云以酞菁铜（CuPc）作为 p 型半导体材料，四羧基苝衍生物（PV）作为 n 型材料制备了双层电子给体－电子受体异质结结构的太阳能电池，光电转换效率接近 1%。这次发现是电子给体－电子受体异质结结构有机太阳能电池的首次报道。

1991 年，瑞士 Grätzel 以较低的成本制备了染料敏化太阳能电池，光电转换效率达 7%。1993 年，经优化后的光电转换效率为 10%。染料敏化太阳能电池是将跃迁能量和太阳光谱匹配的有机或聚合物染料作为光敏剂，吸附到导电玻璃上的宽带隙垒多孔纳米 TiO_2 半导体表面，使体系的光谱响应延伸到可见区。染料敏化太阳能电池的优势在于：吸收光子和传导电子两项任务被分开，大大提高了电池的性能。

Heeger 等在 1995 年又提出了体异质结有机太阳能电池的概念，运用这种结构的有机太阳能电池器件的光电转换效率从 1% 提高到近 15%。这显示了有机太阳能电池的潜在应用价值，向实用化更进了一步。

1998 年，Grätzel 等用 2，2′，7，7′－四（N，N'－二对甲氧基苯基氨基）–9，9′－螺环二芴（OMeTAD）作为空穴传输材料（见图 6-19），得到了单色光光电转换效率高达 33% 的电池❶。固体有机空穴传输材料的全固态染料敏化纳米晶体太阳能电池的光电转换效率已能稳定在 10% 以上，寿命达 15 ～ 20 年，制造成本仅为硅太阳能电池的 1/5 ～ 1/10。

2002 年，加州伯克利分校的科学家研制出第一代塑料太阳能电池，2003 年以酞菁铜和 C_{60} 制成塑料太阳能电池的 η 达到 6%，最好的光电转化效率 η

---

❶ Bach U, Lupo D, Comte P, et al, Nature, 1998, 395: 583.

已达到 11%。

2007 年，特拉华大学"超高效太阳能电池"η 达到 42.8%。这一系列里程碑式的进展为人类未来大规模利用太阳能，提供了极大的技术支持。

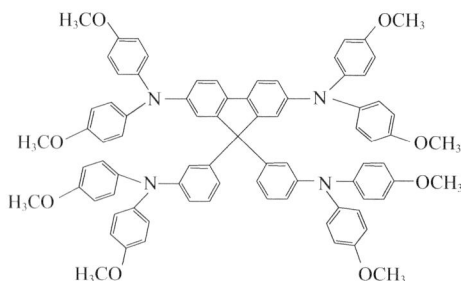

图6-19　OMeTAD分子结构图

2009 年的钙钛矿太阳能电池的 η 仅有 3%，目前已经达到 23.6%，接近薄膜太阳能电池。

钙钛矿型太阳能电池并非指钙钛矿（$CaTiO_3$）作为电极材料制备的电池，而是指晶体结构与 $CaTiO_3$ 相同、具有 ABX_3 化学通式（有机金属卤化物）一类材料制备的电池。具有钙钛矿晶体结构的甲氨基卤化铅材料，有很高的光吸收系数、很长的载流子传输距离、极少的缺陷态密度等优异性质，成为优异的光伏材料、激光材料和发光材料。目前，经过 NREL 认证的钙钛矿太阳电池光电转换效率已经达到 20.1%，已接近单晶硅太阳能电池的效率。同时，基于钙钛矿材料的激光和发光器件已研发成功，显示出钙钛矿材料在光电领域的广阔应用前景。2015 年 9 月 28 日，中国科学院大连化学物理研究所洁净能源国家实验室，研究员刘生忠研究团队利用升温析晶法，首次制备出了超大尺寸单晶钙钛矿 $CH_3NH_3PbI_3$ 晶体，尺寸超过 2 英寸（大于 71mm），这是世界上首次报道尺寸超过 0.5 英寸的钙钛矿单晶（见图 6-20）。

2018 年，南开大学和国家纳米科学中心的研究人员成功在串联有机太阳能电池中实现了 17.3% 的光电转换效率[1]。所用有机材料结构见图 6-21，制作的高性能柔性有机太阳能电池连续弯曲 1000 次（弯曲半径 $r = 5mm$），器件仍能保持初始效率的 95% 以上。

---

[1]　Meng L X，Zhang Y M, Wan X J, et al. Science, 2018, 361:1094-1098.

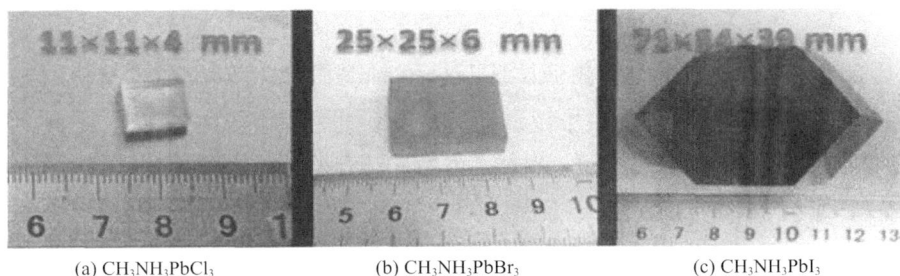

(a) $CH_3NH_3PbCl_3$ (b) $CH_3NH_3PbBr_3$ (c) $CH_3NH_3PbI_3$

图6-20 $CH_3NH_3PbX_3$（X=Cl，Br，I）单晶

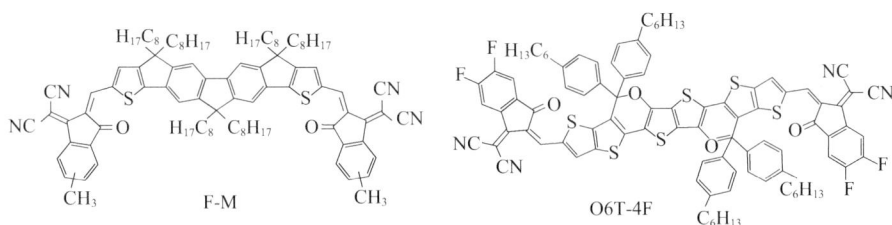

图6-21 太阳能电池活性层有机分子结构

2018 年 6 月，由英国牛津大学研究人员参与创办的企业"牛津光伏"（Oxford PV）宣布，他们将钙钛矿型太阳能电池与传统的晶体硅太阳能电池串联后得到的太阳能电池（图 6-22），其效率经独立的第三方机构认证，高达 25.2%。这一记录超过了这两种太阳能电池分别达到的最高效率。这种太阳能电池底部是传统的晶体硅太阳能电池，在其上方是新型的钙钛矿型太阳能电池。两种太阳能电池的结合使得整个装置能够吸收利用范围更宽的太阳光。在仅仅数周后，牛津光伏就打破了自己创造的纪录，用同样类型的串联太阳能电池达到了 27.3% 的效率。

图6-22 由晶体硅太阳能电池和钙钛矿型太阳能电池串联组成的太阳能电池

未来应用

有机太阳能电池的材料来源广泛而且具有分子可调控性，这些有机材料重量轻，具有很好的柔韧性，可以进行大面积、低成本的柔性制备。因此，有机太阳能电池具有长远发展的潜力，为解决未来全球的能源问题提供了一种选择。目前有机太阳能电池的发展主要处于研究阶段，距离大规模生产应用还有一定的距离，但小规模的有机太阳能电池已有实际应用。例如，太阳能充电宝，甚至卷轴式太阳能充电宝（移动电源）等。相信在不久的将来，有机太阳能电池一定能够走进千家万户，实现人类对可持续发展的美好愿景。

染料敏化太阳能电池和钙钛矿太阳能电池制备成本较低，光电转换效率比较理想，尤其是钙钛矿太阳能电池，其效率已超过20%。但是它们目前存在稳定性低、较难进行柔性器件制备、器件寿命短、对环境易造成污染等缺点。基于微晶或非晶薄膜钙钛矿太阳能电池及其他光电器件仍然面临着巨大的挑战。微晶钙钛矿薄膜中存在很多晶粒、晶界、孔隙和表面缺陷会造成载流子的复合。这也是提高太阳能转换效率及其他光电器件性能需要解决的关键问题。

无论是钙钛矿型太阳能电池，还是有机太阳能电池，稳定性仍然是有待解决的问题。如果这两类太阳能电池的长期稳定性能够得到改善，必将带来更多的商业应用。

趣味实验

趣味实验应在实验室中进行，并由老师指导完成。同学们在实验过程中要严格遵守实验操作规范，保证人身安全。

实验　果蔬原电池

一、药品与仪器

新鲜水果与蔬菜：西红柿（含有抗坏血酸、苹果酸和柠檬酸等有机弱酸）、脐橙（橙子的一种，含有抗坏血酸、柠檬酸等）、苹果（含有苹果酸及 K^+、Ca^{2+} 等）、梨（含有苹果酸、柠檬酸等）、柠檬（含有抗坏血酸、柠檬酸、苹果酸等），并用鲜橙多饮料、白醋、陈醋做对照实验。高锰酸钾晶体（分析纯，$KMnO_4$），草酸（分析纯，$C_2H_2O_4 \cdot 2H_2O$），氯化钾（分析纯），五水硫酸铜（分析纯，$CuSO_4 \cdot 5H_2O$），七水硫酸锌（分析纯，$ZnSO_4 \cdot 7H_2O$），稀硫酸（分析纯，H_2SO_4）。

电极材料：铜片、铜丝束、碳棒（从废干电池上取下）、铁钉、锌片、砂纸等。

电流定性测试：音乐贺卡、发光二极管、电铃、耳机、伏特表、安培表、pH 测定仪等。

电流定量测试：微量电流表（或用万用表）、手持技术（上海任氏电子有限公司生产的 6360 型）。

二、实验操作

铜锌原电池实验，可采用盐桥将铜电极（铜片或铜棒插入 $CuSO_4$ 溶液中）和锌电极（锌片或锌棒插入 $ZnSO_4$ 溶液中）连通，两个电极再用导线和电流表等连接。闭合回路就构成了一个原电池，产生电流 [见图 6-23（a）]。

实际教学活动中，也可以采取支管试管替代烧杯，带支管的 U 形管替代盐桥 [见图 6-23（b）]。

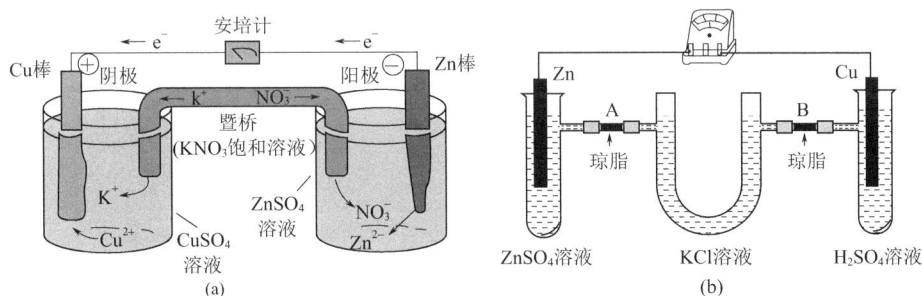

图6-23　原电池示意图

在进行果蔬原电池实验之前，先对铜锌原电池形成条件按照下图展示，进行初步的定性实验。稀硫酸浓度约 2mol/L 或按 1∶5 体积配制。

实验步骤如下：

① 将铜片和锌片同时插入到装有稀硫酸的烧杯中，观察实验现象，见图 6-24（a）。

② 将铜片和锌片同时插入到装有稀硫酸的烧杯中，并将铜片和锌片用导线连接，观察实验现象，见图 6-24（b）。

③ 将铜片和锌片同时插入到装有稀硫酸的烧杯中，并将铜片和锌片之间连接导线和电流计，观察实验现象，见图 6-24（c）。

④ 将铜片和锌片同时插入到装有植物油或乙醇的烧杯中，并将铜片和锌片之间连接导线和电流计，观察实验现象见图 6-24（d）。

⑤ 将两个锌片同时插入到装有稀硫酸的烧杯中，并将锌片和锌片之间连接导线和电流计，观察实验现象见图 6-24（e）。

⑥ 把锌片（长约 6cm，宽约 3.3cm）和铜片（长约 6cm，宽约 3.3cm）用砂纸打磨表面，分别插入同一个西红柿中，就形成天然原电池。取两根导线，将其一端分别接在原电池的两极，另一端分别接在灵敏电流表（或发光二极管、音乐贺卡）上，见图 6-24（f）。

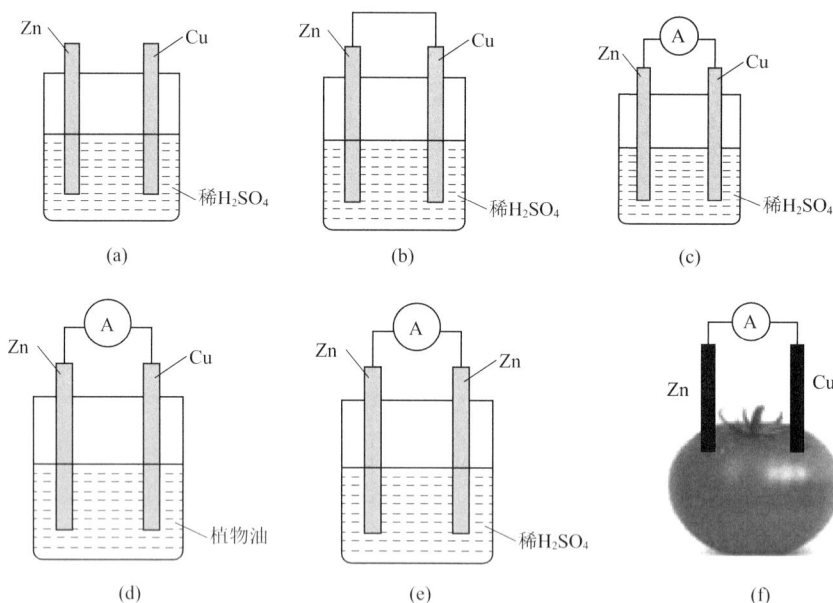

图6-24 原电池实验

⑦ 将果蔬电池进行串联，观察实验现象。

⑧ 将果蔬用家用豆浆机分别打成浆状，取 40mL 于一次性水杯或烧杯中，并取鲜橙多饮料、白醋、陈醋各 40mL 于相同容器中，测量各自的 pH 值。

⑨ 向各物质中加入 10mL 蒸馏水稀释后，测得 pH 值和电导率。

⑩ 把铜片和锌片分别插入以上果蔬浆及稀释后的汁液中，就形成天然原

电池。取两根导线，将其一端分别接在原电池的两极，另一端分别接在灵敏电流表（或发光二极管、或音乐贺卡）上，观察实验现象。

⑪ 针对果蔬液的测量，加入少量固体 $KMnO_4$ 试剂或草酸，有无变化？

⑫ 采用番茄和柠檬组合构成原电池，观察实验现象是否有变化？

三、实验结果

各实验步骤的结果如下：

① 锌片产生大量气泡，$Zn + 2H^+ = H_2\uparrow + Zn^{2+}$，溶解不明显；铜片上几乎无气泡产生。

② 铜片与锌片由导线连接后，构成原电池，锌为负极：$Zn-2e^- \rightarrow Zn^{2+}$；铜为正极，$2H^+ + 2e^- \rightarrow H_2\uparrow$。铜片上产生气泡，锌片部分溶于稀硫酸，产生电子经金属连线到铜片，溶液中的 H^+ 在铜片上得到电子被还原，形成氢气放出。

③ 若采用高灵敏电流表连接在锌片与铜片间，则表针产生偏向铜片，表明电子流动的方向。

④ 若采用植物油或乙醇等非电解质用于实验，则因无法形成双电层而产生电位势，无任何现象产生。

⑤ 若采用相同材质的金属插入稀硫酸中，虽然锌与稀硫酸反应产生氢气，但两电极间不产生电势，故电流表并无电流产生，指针不偏转。

⑥ 有电流产生。为体现实验的趣味性，实验可以尝试用音乐贺卡、发光二极管（注意：二极管的单向导电性，可以探究原电池的正负极）、电铃、耳机、小收音机喇叭等做定性检验电流的存在，效果非常好。

⑦ 果蔬电池串联，形成更大的电流。若串联效果不明显，可改为并联，这样总电阻减小，电流值变大得会比较明显。

⑧ 几种水果和蔬菜的 pH 值见表6-1，鲜橙多饮料的 pH 值为 3.08，白醋的 pH 值为 2.41，陈醋的 pH 值为 2.90。

表6-1　几种水果和蔬菜的pH值

品种	成熟番茄	未成熟番茄	成熟苹果	未成熟苹果	成熟桃	成熟杏	成熟西瓜	土豆	黄瓜
pH值	4.10	3.79	3.65	3.78	4.52	3.58	5.06	5.98	5.54

测得所选果蔬中电导率大的西红柿在同等条件下效果好，适用于化学实验探究。可根据季节变化选择合适的果蔬。

⑨ 稀释前后测定的 pH 值变化不大。因为果蔬中含有多种有机弱酸，适量

的稀释并不会引起电离度的明显变化，因此测定的 pH 值变化很小。电导率数值有所降低，但幅度不大。

⑩ 由于果蔬浆液中总的离子浓度不高，原浆组成的原电池电流数值与固态条件相近。若加水稀释，则电流数值有一定的减小。

⑪ 加入电解质或改变电解液的 pH 值，增加了导电离子数量，电流有所增大（发光二极管亮度增大，时间延长）。

⑫ 实验效果比单独采用番茄或柠檬要好些，因为这相当于两个原电池的串联。感兴趣的学生，可对多种果蔬组合进行实验，也可对影响实验效果的因素进行探究。

四、实验原理

当把金属电极插入电解质溶液中时，在金属表面会有部分金属离子溶解进入溶液，同时，溶液中的金属离子又会沉积到金属上，$M \rightleftharpoons M^{n+} + ne^-$。当溶解和沉积的速率相等时，达到动态平衡，金属表面的电荷层与溶液中相反电荷离子形成一个厚度约 10^{-10}m 的稳定双电层，产生电势差，即金属的电极电势。

原电池就是利用两个电极的电势不同，产生电势差。当构成闭合回路时，电势差使电子流动产生电流，因此将化学能转化成电能。

参考文献

[1] 杨帆 . 疯狂化学 . 北京：人民邮电出版社，2015.

[2] 梁琰 . 美丽的化学反应 . 北京：清华大学出版社，2016.

[3] 梁琰 . 美丽的化学结构 . 北京：清华大学出版社，2016.

[4] 西奥多·格雷 . 视觉之旅：神奇的化学元素（彩色典藏版）. 陈沛然，译 . 北京：人民邮电出版社，2011.

[5] 西蒙·库伦·菲尔德，西奥多·格雷 . 视觉之旅：神奇的化学元素（2）（彩色典藏版）. 周志远，译 . 北京：人民邮电出版社，2013.

[6] 西奥多·格雷 . 视觉之旅：化学世界的分子奥秘（彩色典藏版）. 陈晟，等译 . 北京：人民邮电出版社，2015.

[7] 夏年利，李权，樊敏，等 . 奇彩化学 . 北京：科学出版社，2016.

[8] 李代广，尹万策 . 50 个一学就会的化学小魔术 . 北京：化学工业出版社，2011.

[9] 宣婧，徐培珍，孙尔康 . 最贴近生活的化学实验 . 南京：南京大学出版社，2013.

[10] 王强 . 带你走进化学世界 . 北京：化学工业出版社，2015.

[11] 翟慕衡，魏先文，王正华，等 . 化学实验赏析 . 合肥：中国科学技术大学出版社，2012.

[12] 凤凰科普编辑部 . 让人胆战心惊的化学 . 北京：清华大学出版社，2014.

[13] 卢一卉 . 奇趣化学拾萃 . 北京：化学工业出版社，2013.

[14] 王贵水 . 你一定要知道的化学知识 . 北京：北京工业大学出版社，2015.

[15] 黄明建 . 趣味化学 . 北京：知识出版社，2013.

[16] 帕梅拉·沃克，伊莱恩·伍德，龙志超，译，化学科学实验，上海：上海科学技术文献出版社，2012.

[17] 吴茂江 . 化学晚会 . 北京：金盾出版社，2012.

[18] 唐倩 . 化学——打开未来大门的钥匙 . 北京：化学工业出版社，2013.

[19] 李远蓉 . 化学——创意无限 . 北京：化学工业出版社，2013.

[20] 吴祺 . 有机化学史话 . 西安：陕西师范大学出版社，2017.

[21] 玛丽 - 莫尼克·罗宾 . 毒从口入：谁，如何，在我们的餐盘里"下毒"？. 黄琰，译，上海：上海人民出版社，2013.

[22] 加里·赖内修斯 . 香味化学与工艺学 . 张建勋，译 . 2 版 . 北京：中国科学技术出版社，2012.

[23] 艾伦·R. 格兰维尔 . 科学的奥秘（上）. 代爽，等译 . 北京：人民邮电出版社，2016.

[24] Theodore Gray. 疯狂科学 . 张子张，译 . 北京：人民邮电出版社，2011.

[25] 西奥多·格雷 . 疯狂科学 2. 碧声，方琴，译 . 北京：人民邮电出版社，2013.

[26] 史蒂芬·沃尔特兹，弗里茨·戈洛布 . 疯狂科学 3. 俞建峰，译 . 北京：人民邮电出版社，2015.

[27] 克拉珀特克 . 高能材料化学 . 张建国，秦涧，译 . 2 版 . 北京：北京理工大学出版社，

2016.

[28] 杰拉德·波拉克.水的答案知多少.李政,译.北京:化学工业出版社,2015.

[29] 山姆·基恩.元素的盛宴.杨蓓,阳曦,译.南宁:接力出版社,2015.

[30] 约翰·埃姆斯利.致命元素:毒药的历史.毕小青,译.生活·读书·新知三联书店,
2012.

[31] 周公度.化学是什么.北京:北京大学出版社,2011.

[32] S Venugopalan.神奇的含能材料.赵凤起,等译.北京:国防工业出版社,2017.

[33] 尤班克斯,等.化学与社会.段连运,等译.北京:化学工业出版社,2008.

[34] 王云生.化学热点漫话.北京:化学工业出版社,2018.

[35]《奥妙化学》编委会.奥妙化学.北京:科学出版社,2018.

[36] 李祥高,王世荣,等.有机光电功能材料.北京:化学工业出版社,2012.